Dr. Rolf Spangenberg

Hundekrankheiten

Inhalt

HALTUNG

PATIENT HUND

KRANKHEITEN

HUNDESEXUALITÄT

NATURHEILKUNDE

KINDER SPEZIAL

Artgerechte Haltung ist die beste Vorbeugung

Ganz dicht bei seiner Familie, seinem »Rudel«, zu sein, das ist für den Hund Glück. Deshalb lebt er auch gern mit ihr in ihrer Wohnung zusammen, sofern er genügend Auslauf bekommt.

Das so angenehm duftende Lager des menschlichen Rudelführers übt auf jeden Hund eine große Anziehungskraft aus.

Die artgerechte Hundehaltung

TIPP **Beobachten Sie einen neuen Hund in Ihrer Wohnung: Dort, wo er sich freiwillig hinlegt und ausruht, wäre ein schöner Platz für sein Körbchen!**

Als Rudeltier braucht der Hund eine ihm vertraute Gemeinschaft. Das ist für ihn seine Familie, die durchaus auch nur aus einem Menschen bestehen kann. In dieser Gemeinschaft entwickelt er eine bedingungslose Zuneigung und Treue, die uns Menschen rührt und zuweilen sogar beschämt. Ganz nahe will er seiner Familie sein, eine Trennung ist für ihn nicht zu verstehen und schwer zu verkraften.

Der richtige Lagerplatz

Der Hund hat Anspruch auf einen zugluftfreien Lagerplatz, der sich möglichst irgendwo in der Wohnung befinden sollte. Dort steht dann sein Korb, an dessen Ausstattung ein Hund wenig Ansprüche stellt. Er soll ihm ein bequemes Lager bieten und leicht zu reinigen sein.

WICHTIG

Manche Hunde ruhen unverständlicherweise gern auf kaltem, hartem Boden. Dort sollte man ihnen zumindest eine Gummimatte hinlegen.

Viele Hunde lieben Körbchen mit höheren Wänden, die mühelos zu überspringen sind. Vor die Wahl gestellt, ziehen manche sogar einen schlichten Pappkarton mit Ruhekissen einem eleganten Bettchen vor. Modische Gesichtspunkte sind Hunden nämlich gleichgültig.

Im Garten benötigt der Hund eine wärmeisolierte Hütte an einem schattigen Plätzchen.

Volle Kraft voraus! Ein lauffreudiger Hund muss sich jeden Tag mindestens zweimal austoben.

Zwingerhaltung – nein, danke!

Kein Hund liebt den Zwinger, denn darin fühlt er sich zu Recht von seiner Familie ausgegrenzt. Andererseits lassen sich manche Großhunde nicht in einer kleinen Wohnung halten. Deswegen sollte der Zwinger zumindest genügend Platz bieten und immer nur als vorübergehender Aufenthaltsort gedacht sein – also etwa für nachts oder bei Abwesenheit des Hundehalters.

WICHTIG
Die Ausdauerleistung von Hunden ist erstaunlich und sie müssen sie trainieren – etwa als Begleithunde eines Joggers oder neben dem Fahrrad.

Auslauf muss sein

Alle Hunde sind – mehr oder weniger– geborene Jäger. Auch sanfte Tiere in Menschenhand wollen diesen Trieb ausleben. Zwei geruhsame Spaziergänge täglich können das einem gesunden Hund nicht bieten! Natürlich darf man ihn nicht hinter Wild hetzen lassen; fröhliche Apportierspiele mit Bällen, Ringen oder einem kräftigen Ast sind aber ein guter und wichtiger Ausgleich zum eher langweiligen Wohnungsleben.

WICHTIG
Toben Sie mit Hunden nur dann spielerisch durch die Wohnung, wenn der Untergrund griffig ist (Teppich, Teppichboden). Sonst kann es durch Ausrutschen zu schlimmen Verletzungen kommen!

Jeder Hund braucht ein Spielzeug

Es ist rührend zu sehen, wie sich »hartgesottene« Rauschgift- oder Sprengstoffsuchhunde nach erfolgreicher Arbeit mit ihrem Lieblingsspielzeug amüsieren.

Schenken Sie auch Ihrem Hund ein Spielzeug, wie man es in verschiedenster Ausführung im Fachhandel findet. Wenn man es ihm kurzfristig zur Belohnung eines erwünschten Verhaltens überlässt, wird er überglücklich sein.

Ungeeignetes Spielzeug	
Steine, Blechspielzeug (zu hart)	Zahnschäden möglich
Bälle erst ab Tennisballgröße (darunter zu klein)	Gefahr des Verschluckens
Gefährlicher Kunststoff	wird im Magen-Darm-Kanal glashart; auf Kennzeichnung »ungefährlich« achten!
Fäden, Paketschnur	beim Verschlucken Darmschäden
Messer, Nägel, Nadeln (zu spitz)	beim Verschlucken Darmschäden

Richtige Pflege

TIPP **Bei stumpfem Fell hilft manchmal die Zugabe eines guten Pflanzenöls zum Futter. Es gibt dafür aber auch geeignete Futter-Zusatzstoffe beim Tierarzt oder im Fachhandel. Sie sind nicht nur für das Fell gut, sondern auch für die Haut.**

Das dichte und glänzende Fell ist ein recht zuverlässiger Hinweis auf die Gesundheit des Tieres. Diese Gesundheit kommt von innen her, ist also auch ein Spiegel richtiger Ernährung.

Fellpflege

Der Tierhalter kann mit seiner guten Fellpflege viel dazu beitragen, dass der Hund ein prächtiges Haarkleid trägt.

An erster Stelle steht das ausgiebige Kämmen und Bürsten. Dafür findet man im Fachhandel eine ganze Reihe geeigneter Pflegekämme und -bürsten. Sie sind robust konstruiert, lassen sich leicht reinigen und desinfizieren. Wie oft Sie Ihren Hund bürsten müssen, hängt von de Beschaffenheit des Fells ab. Gewöhnen Sie schon den Welpen an diese Prozedur, auch wenn in diesem Alter die Fellpflege noch nicht so notwendig ist.

Bei korrekter Ausführung macht die Fellpflege Frauchen und Hund richtig Spaß.

Bei Pulis sind Rasta-Locken rassetypisch und kein Zeichen von Vernachlässigung.

Unkompliziert ist die Fellpflege bei allen kurzhaarigen Rassen. Bei langhaarigen Tieren, deren Haare zum Verfilzen neigen, wird es schon erheblich schwieriger.

Besondere Ansprüche stellen Hunderassen, deren Fell verfilzt sein soll, also in zahlreichen Rasta-Locken herabhängt. Diese Locken darf man natürlich nicht zu entwirren versuchen; Züchter geben hier Ratschläge für die besondere Pflege.

Die Fellpflege dient gleichzeitig als durchblutungsfördernde Massage, sie kann also durchaus kräftig durchgeführt werden. Der Hund muss sie aber als angenehm empfinden und darf dabei nicht etwa Schmerzen erleiden. Es soll für ihn immer eine Belohnung sein.

Wichtig

Regelmäßige, ausgiebige Fellpflege festigt die Beziehung Mensch – Hund. Ganz nebenbei macht man dem Tier dabei klar, dass man in der Rangordnung über ihm steht. Deshalb sollte jedes Familienmitglied, auch die Kinder – zunächst unter Aufsicht – den Hund kämmen und bürsten, selbst wenn er dabei anfangs etwas murrt.

Hundewäsche

Besorgte Hundehalter möchten wissen, wie oft man den Hund denn baden sollte. Antwort: Möglichst überhaupt nicht! Schmutz trocknet an und wird beim Bürsten entfernt. Nur bei grober und übel riechender Verschmutzung ist ein Bad angebracht, das dem Tier allerdings selten gefällt. Verwenden Sie ein spezielles Hunde-Shampoo.

WICHTIG
Lassen Sie sich das Krallenkürzen zunächst einmal von einem versierten Hundekenner zeigen, damit Sie nicht zu viel (Blutung, Schmerzen!) oder zu wenig wegschneiden.

Afterpflege

Bei zu hartem Stuhlgang wird der After rissig und spröde, der Kotabsatz ist schmerzhaft. Der Hundehalter sollte also darauf achten, dass der Kot nicht zu hart wird, beispielsweise dadurch, dass er dem Futter Speiseöl beimischt. Das Einreiben mit milder Lebertransalbe schützt und pflegt die Afterhaut. Damit der Hund die Salbe nicht sofort ableckt, sollte man sie erst kurz vor dem Spaziergang auftragen, auf dem der Hund dann abgelenkt ist (Analdrüsenentzündung s. Seite 69).

Krallen- und Pfotenpflege

WICHTIG
Achten Sie auch auf die so genannten Daumenkrallen, die oberhalb der Pfoten, etwas versteckt, an der Innenseite der Vorderbeine liegen. Es kommt vor, dass sie schmerzhaft in die Haut einwachsen. Mit einem kleinen »Knips« ist der Schaden beseitigt, man muss nur daran denken.

Die Krallen des Hundes wirken beim Laufen wie Spikes. Bewegt er sich ausreichend, werden sie ständig so abgenutzt, dass sie die richtige Länge haben. Zu lange Krallen können andere Ursachen haben:

- Hat ein Hund zu wenig Auslauf, werden die Krallen ständig länger.
- Hunde mit Gelenkbeschwerden laufen nur zögernd und meist zu wenig, um die Krallen kurz zu halten.
- Läuft ein Hund meistens auf weichem Untergrund, nutzen sich die Krallen nicht ab.

Man bemerkt zu lange Krallen daran, dass sie beim Laufen auf hartem Boden deutlich »klicken« und die Zehen unnatürlich nach oben gebogen sind. Dann müssen die Krallen mit Spezialzangen gekürzt werden.

Schutz für die Pfoten

Im Winter leiden die Pfoten, weniger durch Streusalz als durch rutschmindernden Splitt, der an den Ballen kleine Verletzungen verursacht. Man kann die Pfoten durch Pflegesalben vorbeugend schützen.

Bei starker Beanspruchung auf rauen Straßen helfen spezielle Schuhe, die es auf

Dies ist das solide Modell einer Krallenzange. Es gibt aber auch andere gut geeignete Konstruktionen.

Nachfrage im Fachhandel zu kaufen gibt. Sie sind kein Zeichen für Verzärtelung, denn immerhin werden sie auch von zähen Schlittenhunden getragen.

Augen- und Ohrenpflege

Die Augen benötigen keine besondere Pflege. Eventuelle Verkrustungen im Augenwinkel beseitigt man mit einem Läppchen, das in Kamillentee getränkt wird. Jeder stärkere Ausfluss muss sorgfältig beobachtet, genau untersucht und bei Bedarf behandelt werden.

Der Gehörgang des Hundes verläuft gewinkelt. Eingedrungener Schmutz kommt daher kaum wieder heraus, auch verhärtetes Ohrenschmalz kann den Gehörgang verstopfen. Das führt leicht zum gefürchteten Ohrenzwang *(Otitis externa*; s. Seite 58).

Eine vernünftige Ohrenpflege sieht folgendermaßen aus: Ein handelsübliches Ohrreinigungsmittel wird in den Gehörgang geträufelt. Man massiert ihn dann von außen und wischt die Innenseite der Ohrmuschel mit einem walnussgroßen Wattebausch aus. Diese Pflege ist besonders bei Hunden angebracht, die häufig ins Wasser gehen.

ACHTUNG

Streng verboten ist das Bohren im Gehörgang mit Wattestäbchen, da sie Schmutz nur tiefer hineindrücken würden.

Zahnpflege

Blitzend weiße Zähne sehen ästhetisch aus und bleiben gesund. Zur Zahnpflege kann man ruhigen Hunden mit speziellen Pasten und Bürsten regelmäßig die Zähne putzen. Damit sollten Sie bereits bei Junghunden beginnen. Sie betrachten die Prozedur bald als lustiges Spiel und lassen sie sich problemlos gefallen. Später ist das Gewohnheit.

Das Zähneputzen ist besonders bei Rassen angebracht, die häufig unter Zahnschäden leiden und leicht Zahnstein ansetzen, wie kurzköpfige Kleinhunde.

Vorbeugend wirken Kaustreifen, die das Gebiss reinigen und mit Enzymen den Zahnsteinansatz weitgehend verhindern. Es gibt im Fachhandel auch »Zahnputztaue«, mit denen sich die Hunde beim Kauen das Gebiss reinigen.

Selbstverständlich darf der Besitzer nicht vorsätzlich Zahnschäden verursachen, indem er den Hund etwa Steine oder andere harte Gegenstände apportieren lässt.

TIPP

Dem Junghund erleichtern Sie den Zahnwechsel, wenn Sie einen festen Lappen an ein Tischbein binden. Beim eifrigen Zerren daran verliert der Hund dann seine Milchzähne.

Gesunde Ernährung

WICHTIG
Junghunde müssen anders ernährt werden als erwachsene Tiere, sportliche Hunde anders als ruhige Typen und vor allem Senioren anders als alle anderen. Entsprechende Produkte findet man im Handel.

Die Urahnen des Haushundes, die Wölfe, verspeisen ihre Beute mit Haut und Haar – sie verzehren das Muskelfleisch ebenso wie den halbverdauten Pflanzenbrei in Magen und Darm, allerlei Bindegewebe und unverdauliche Ballaststoffe (etwa Haare). So vielfältig sollte auch eine gute Hundenahrung zusammengesetzt sein.

Der Hundespeiseplan

Prinzipiell ist es egal, ob man das Hundefutter selbst zubereitet oder das Fertigfutter eines seriösen Herstellers nimmt. Man muss nur darauf achten, dass darin folgende Bestandteile in den richtigen Mengen enthalten sind:

- Muskelfleisch
- pflanzliche Anteile
- Bindegewebe
- Ballaststoffe
- Mineralien
- Vitamine

ACHTUNG
Entgegen anderer Ansicht sind Knochen kein Hundefutter. Werden sie bis zur Sättigung aufgenommen, können hartnäckige Verstopfungen die Folge sein.

Ihr Hund wird bald eine bestimmte Vorliebe entwickeln. Im Gegensatz zum Menschen wollen Tiere nicht unbedingt ständige Abwechslung, man kann also ruhig bei einer bewährten Futtersorte bleiben.

Trocken- oder Feuchtfutter?

Diese Frage ist eigentlich kein Thema, denn dem Trockenfutter wurde lediglich der größte Teil der Feuchtigkeit entzogen. Der Gehalt an Nährstoffen ist bei beiden Formen praktisch identisch. Beim Trockenfutter müssen die Hunde nur mehr trinken.

Trockenfutter lässt sich leichter handhaben und es hat noch einen Vorteil: Man kann es in der Tasche mitführen und dem Hund bei Dressurübungen als Belohnung geben, damit spart man spezielle Leckerli. Doch eines ist dabei unbedingt zu beachten: Diese Belohnungsbrocken müssen von der täglichen Futtermenge abgezogen werden, sonst droht Überfütterung!

Fertigfutter schmeckt den Hunden gut, ist ausgewogen zusammengesetzt und gesund.

Wer mit dem Hund länger unterwegs ist, sollte für ihn immer Trinkwasser im Gepäck haben.

Futtermenge und Fütterungszeiten

Die erforderliche Futtermenge schwankt sehr stark, sie hängt außer von der Größe auch vom Alter des Tieres und dem Ausmaß seiner körperlichen Bewegung ab. Die Fertigfutterhersteller geben Richtmengen an. Sie werden aber bald ein Gefühl dafür bekommen, wie viel Ihr Hund braucht.

Halten Sie nach Möglichkeit feste Fütterungszeiten ein. Diese sollten grundsätzlich nach den menschlichen Mahlzeiten liegen.

Junghunde werden zunächst drei bis fünf Mahlzeiten pro Tag erhalten. Später sind zwei Fütterungen angebracht, denn bei einmaliger Fütterung – die vielfach empfohlen wird – laden sie sich den Magen zu voll.

Wasser ist wichtig!

Das Trinken dürfte bei Hunden – im Gegensatz zu Katzen – meist kein Problem sein. Ihnen wird üblicherweise nur Wasser gegeben. Hunde trinken gelegentlich auch einmal aus schlammigen Pfützen oder trüben Teichen, was im Allgemeinen unbedenklich ist.

ACHTUNG

Ein gesunder Hund frisst sein Schüsselchen hastig leer und schaut dann noch suchend drein. Das ist normal – Sie sollten nicht ständig nachfüllen. Als Rudeltier schlingt er schnell, um sich seinen Anteil zu sichern. Vom Übermaß wird aber jeder Hund zu dick!

Vorbeugung durch Impfungen

WICHTIG
Die Impflinge müssen gesund (fieberfrei!) und entwurmt sein, sonst können sie keine Antikörper bilden, der Impfschutz unterbleibt und die Impfung könnte sogar Schäden verursachen.

Akzeptieren Sie Impfkosten beim Kauf eines Hundes nur dann, wenn Ihnen ein ordnungsgemäß ausgefüllter Impfpass vorgelegt wird!

Impfungen sind die wohl erfolgreichsten Methoden der Medizin überhaupt, Krankheiten zu verhindern. Mittels einer einfachen und weitgehend risikoarmen Injektion kann man unheilbare (etwa Tollwut) oder nur schwer zu behandelnde (etwa Staupe) Infektionskrankheiten verhindern. Die Kosten für die Impfung stehen dabei in keinem Verhältnis zu den Kosten der Behandlung einer ausgebrochenen Infektion.

Arten der Impfung

● Es gibt eine so genannte passive Immunisierung (mittels eines Serums); dabei führt man dem Organismus Antikörper gegen den betreffenden Krankheitserreger zu. Der Schutz setzt hier unmittelbar ein, hält aber nur rund 2 bis 3 Wochen an. Die passive Immunisierung wird bei unmittelbarer Infektionsgefahr durchgeführt.

● Unter der eigentlichen Schutzimpfung versteht man die aktive Immunisierung. Nach zumeist zweimaliger Impfung ist der Organismus ein bis mehrere Jahre geschützt. Er bildet allerdings erst 2–3 Wochen nach der Impfung aktiv Antikörper. Deshalb darf ein Grenzbeamter nur eine Impfung akzeptieren, die vor mehr als 30 Tagen erfolgt ist.

Diese Marke, die am Halsband getragen wird, zeigt auf einen Blick: Der Hund wurde gegen Tollwut geimpft!

Impfplan

Art der Impfung	Zeitpunkt	Impfung gegen
Grundimmunisierung	8. Lebenswoche	Staupe, Hepatitis c.c., Parvovirose, Leptospirose
	12. Lebenswoche	Impfung wie oben oder mit zusätzlichem Schutz gegen Tollwut und Borreliose
	nach 15–18 Wochen	Borreliose
1. Wiederholung	nach 1 Jahr	alles plus Tollwut und Borreliose
weitere Wiederholungen	jährlich alle 2 Jahre	Tollwut, Leptospirose, Borreliose, Staupe, Hepatitis c.c., Parvovirose

In Sonderfällen, etwa bei kranken oder verletzten Hunden, bei besonderer Infektionsgefahr oder anderem, wird es Änderungen geben.

Der Impfpass

Bestehen Sie bitte beim Kauf eines Welpen auf einem tierärztlich ausgefüllten Impfpass, damit Sie genau wissen, wann das Hundebaby geimpft wurde, wogegen, wie oft und mit welchem Impfstoff. Nur anhand dieses Dokuments kann Ihr Tierarzt Sie in Bezug auf die erforderlichen Wiederholungsimpfungen richtig beraten.

Liegt kein Impfpass vor, so gehen Sie sicherheitshalber davon aus, dass der Hund die erforderlichen Impfungen auch nicht erhalten hat. Eine versehentliche Doppelimpfung wäre übrigens nicht gefährlich.

Betreuung und Pflege des kranken Vierbeiners

Rasche und richtige medizinische Betreuung, unterstützt von viel liebevoller Zuwendung durch seinen Menschen, braucht ein kranker Hund, um bald wieder fröhlich umherzuspringen.

Jetzt brauche ich vor allem Ruhe, Wärme, Verständnis und viel, viel Liebe von meinen Menschen, damit ich schnell wieder gesund werde!

Haltung des kranken Hundes

TIPP **Wenn der Patient nicht laufen kann oder darf, sollte man ihm sein Körbchen ausnahmsweise dort hinstellen, wo sich das Familienleben hauptsächlich abspielt – sofern er nicht die Ruhe vorzieht!**

Ein kranker Hund ist unglücklich! Durch sein Leiden kann er nicht mehr uneingeschränkt am Leben seiner Familie teilnehmen – für ihn ganz schlimm. Von wenigen Ausnahmen einmal abgesehen, wo die Patienten die vermehrte Anteilnahme geradezu genießen, »stellen Hunde sich nicht an«, sie spielen ihre Krankheit eher herunter und möchten nicht geschont werden. Das muss man bei der Haltung und Pflege eines kranken Hundes immer beachten!

Das Krankenlager

Nur bei wenigen Erkrankungen kann und muss man dem Patienten die Ruhe eines Krankenlagers verordnen. Meistens wird er – wenn auch mit Schmerzen, Hunger, Durst oder schwächlich – weiterhin umherlaufen. Bei einigen Erkrankungen des Bewegungsapparates, etwa einem Bruch, geht es aber nicht ohne Ruhe.

Sein gewohntes Körbchen ist dann das geeignete Krankenlager. Unter Umständen ist es zu klein oder zu groß. Dann wird man einen anderen Korb oder eine Kiste nehmen müssen, lässt ihm aber das vertraute Kissen oder seine Decke. Direkt daneben stellt man das Futterschüsselchen und natürlich einen Trinknapf, sofern dem nicht besondere Diätvorschriften entgegenstehen.

WICHTIG
Reden Sie den Hund nicht wie einen Todkranken an (»Ach, du armer Hund!«). Er würde die Sorge spüren und ängstlich werden.

Freilauf erlaubt?

Wenn nicht ernste medizinische Gründe dagegen sprechen, sollte man dem Lauftier Hund seine gewohnte Bewegung nicht oder nur wenig einschränken. Auf diese Bewegung freut es sich nämlich den ganzen Tag. Der mehrmalige tägliche Spaziergang ist zuweilen sein einziger Lebensinhalt. Nimmt man ihm den aus übertriebener Fürsorge, so wird damit die Heilung eher behindert.

Im Einzelfall sollte der Tierarzt sorgfältig befragt werden, wie man es mit der Bewegung, vor allem auch an frischer Luft, halten soll. Im Zweifelsfall lässt man den Patienten entscheiden: Drängt der Hund nach draußen, so darf er es auch!

ACHTUNG
Fehlt die gewohnte Bewegung, so kann es leicht zu unangenehmen Verstopfungen kommen. Die Zugabe von etwas Speiseöl zum Futter – den Tierarzt nach der angemessenen Menge fragen! – beugt dem vor.

Wir sind eine verschworene Gemeinschaft und vertragen uns gut. Wenn einer mal krank ist, trösten ihn die gesunden.

Wenn noch andere Hunde im Haus leben

Lebt ein Hund mit Artgenossen zusammen, so hat sich unter dem Rudel eine Hierarchie herausgebildet, in die sich der Mensch normalerweise nicht einmischen sollte. Eine Krankheit ist aber ein besonderer Umstand.

In aller Regel werden die anderen Hunde die krankheitsbedingte Behinderung ihres Artgenossen entweder nicht zur Kenntnis nehmen oder allenfalls sorgsam mit ihm umgehen. Es kann aber auch sein, dass einer seine hierarchische Position nun verbessern will. Er könnte den Kranken piesacken, sich Frechheiten herausnehmen und ihm damit zeigen: Jetzt stehe ich über dir! Das darf man aus zwei Gründen nicht dulden. Einerseits leidet das kranke Tier sehr darunter und das behindert seinen Heilungsprozess. Andererseits würden nach der hoffentlich vollständigen Genesung wieder mehr oder minder heftige Rangordnungskämpfe ausbrechen.

In diesen seltenen Fällen schafft also nur die räumliche Trennung der Konkurrenten Abhilfe. Dabei lässt man den Kranken am gewohnten Platz und sperrt den anderen Hund vorübergehend weg.

WICHTIG

Es hat keinerlei Sinn, mit dem Hund, der den kranken Artgenossen aus Rangordnungsgründen drangsaliert, zu schimpfen oder ihn zu bestrafen. Er würde überhaupt nicht verstehen, was Sie ihm vorwerfen!

Fütterung des kranken Hundes

Kranke Hunde verlieren häufig ihren Appetit. Man sollte ihnen dann auf keinen Fall Futter aufnötigen oder womöglich sogar eine Zwangsfütterung versuchen. Stellen Sie immer frisches Trinkwasser bereit und eine kleine Menge des gewohnten Futters. Das räumen Sie wortlos weg, wenn der Hund es nicht anrührt.

Krankenkost

Konsequenz ist das A und O der Hundeerziehung. Dennoch darf man kranke Tiere – nach Rücksprache mit dem Tierarzt – vorübergehend verwöhnen.

Die normale Krankenkost besteht einfach in einer kleinen Menge der gewohnten Nahrung. Keineswegs sollte man einen kranken Hund überfüttern, vor allem dann nicht, wenn seine Bewegung eingeschränkt ist. Er könnte Verdauungsprobleme bekommen, hartnäckige Verstopfungen oder Bauchgrimmen. Es tut dem Hund gut, wenn er häufiger als sonst mit kleinen Mengen Futter versorgt wird. Das bringt ihm Beschäftigung und hält ihn bei Laune.

Ganz anders sieht es natürlich aus, wenn seine Krankheit eine spezielle Diät erfordert! Dabei kann besonders energiereiches Futter sinnvoll sein, ebenso aber auch totales Fasten. Wichtig ist das bei den häufigen Nierenerkrankungen, der Zuckerkrankheit oder der häufigsten Hundekrankheit überhaupt – der Fettsucht! Letztere stellt noch einen Risikofaktor bei Herzkrankheiten dar, dabei ist die Abmagerungsdiät also besonders angebracht.

Wenn die Diät nicht schmecken will

Eine Diät kann natürlich nur dann den gewünschten Erfolg bringen, wenn sie vom Hund auch angenommen wird. Da haben einige ihre ganz besonderen Vorstellungen! Lieber fasten als dieses ungewohnte und fremdartig schmeckende Zeug zu essen! Nun ist Fasten zwar – wie oben ausgeführt – in bestimmten Fällen durchaus nützlich, manchmal aber auch nicht. Deshalb darf man dem Patienten seine Eigenwilligkeit nicht durchgehen lassen.

Es gibt einen Trick: Immer wird empfohlen, das Diätfutter in steigenden Mengen unter die gewohnte Nahrung zu mischen. Das klingt vernünftig, leider bestehen die meisten Diätfutter aber aus trockenen Brocken. Mischt man die unter anderes Trockenfutter, so wird der Patient – er hat ja Zeit – dieses sorgsam herausklauben. Deshalb sollte man das Futter grundsätzlich gründlich anfeuchten. Dann geht ein Geschmack in den anderen über und der Hund wird sich schon daran gewöhnen. So heikel wie Katzen sind Hunde ja glücklicherweise nicht!

WICHTIG

Beginnen Sie nicht mit einer Futtersorte, die als besonders lecker angepriesen wird und unverhältnismäßig teuer ist. Der Hund könnte sich daran gewöhnen und auch später nichts anderes mehr haben wollen!

Die gebräuchlichsten Diätfuttermittel

(unter verschiedenen Handelsnamen erhältlich)	
Aufbaudiät	nach schweren Erkrankungen
Diabetes-Diät	zur Unterstützung der Insulin-Behandlung
Herzdiät	bei Herzerkrankungen
Hypoallergene Diät	bei Futtermittelallergien
Leberdiät	bei Leberschäden
Nierendiät	bei Niereninsuffizienz
Reduktionsdiät	bei Fettsucht
Schonkost	bei empfindlichem Magen oder Darm
Senioren-Diät	für alte Tiere

Untersuchen und behandeln

TIPP **Üben Sie die nebenstehend erläuterten Handgriffe immer wieder mal spielerisch mit und an Ihrem Hund, damit er sie als selbstverständlich empfindet.**

Ein Hund akzeptiert sein Herrchen (respektive Frauchen) als Rudelführer und lässt sich von ihm daher alles, wirklich alles, gefallen. Man muss nur mit Bestimmtheit auftreten. Das ist die wichtigste Regel für den Umgang mit Hunden. Die Vierbeiner dürfen nie den Eindruck gewinnen, ein drohendes Knurren könne ihnen alle Unannehmlichkeiten vom Leibe halten. Autorität ist hier unerlässlich, wie immer man sonst auch dazu stehen mag.

Beißschutz und Liegeposition

Wenn Sie an Ihrem Hund einfache Untersuchungen oder Behandlungen vornehmen wollen, ist es wichtig, dass er nicht

a)

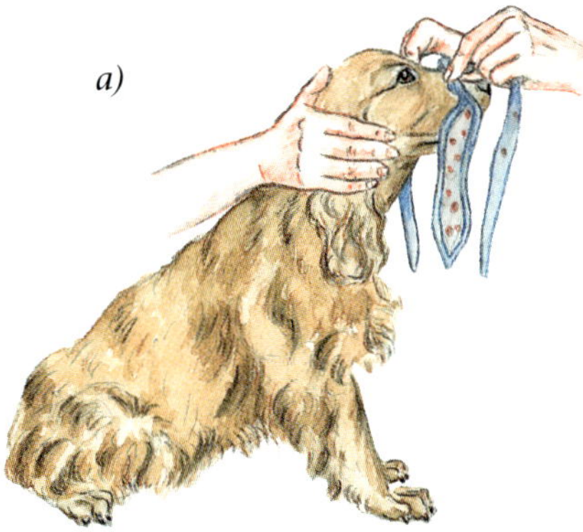

b)

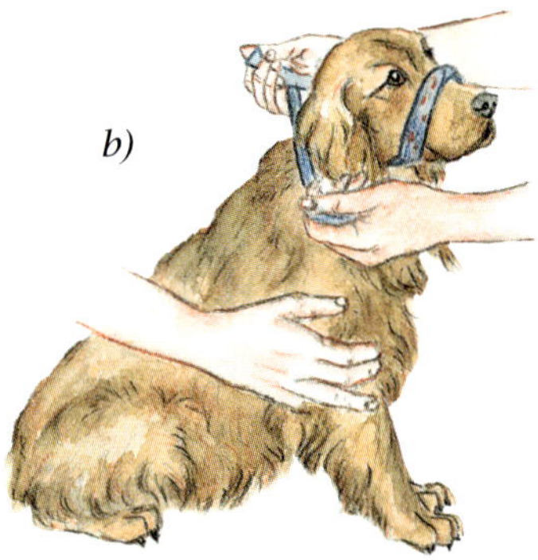

c)

a) Beißschutz mithilfe einer Krawatte: zuerst auf der Schnauze einen einfachen Knoten bilden und ihn nach unten ziehen, ...

b) ... dann die beiden Enden der Krawatte hinter den Ohren des Hundes durchziehen.

c) Zum Schluss einen einfachen Knoten und eine Schleife im Nacken binden, die unbedingt fest zugezogen werden muss.

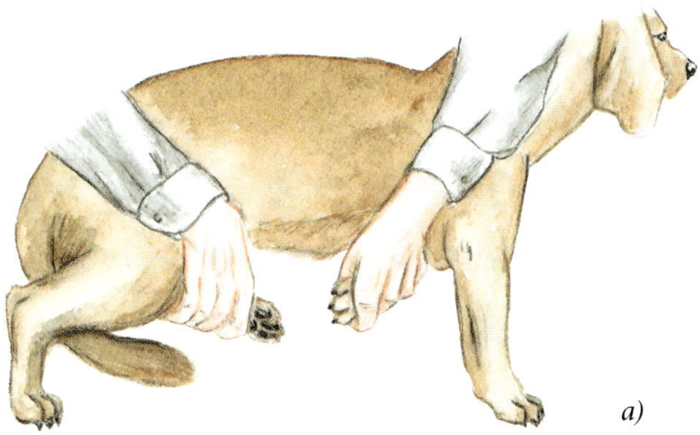

a)

So legt man den Hund auf die Seite: a) Über den Körper langen, die beiden Beine, die dem Haltenden näher sind, ergreifen und langsam auf sich zu ziehen. Dadurch fällt der Hund kontrolliert um. b) Ein Unterarm drückt den Kopf, der andere den Körper auf die Liegefläche.

b)

nach Ihnen schnappen kann. Maulkörbe eignen sich als Beißschutz nicht immer, obwohl sie gelegentlich (Tollwutsperrgebiet) sogar gesetzlich vorgeschrieben sind. Doch viele der im Handel erhältlichen Maulkörbe bieten keinen absolut zuverlässigen Schutz. Deshalb mein Rat: Binden Sie Ihrem Hund einfach die Schnauze zu. Die Abbildungen auf Seite 22 zeigen, wie Sie es richtig machen.

Als Nächstes wird der Hund in die seitliche Liegeposition gebracht – die Zeichnungen zeigen, wie Sie dabei vorgehen. Für einen Helfer ist es nun leicht, eine gründliche Untersuchung vorzunehmen. Beine, Bauch, Ohren, Augen, vordere Zähne und After können betrachtet und betastet werden. Eine Schmerzreaktion erkennen Sie am Winseln oder plötzlichem Lecken.

WICHTIG

Sprechen Sie während des Hantierens ständig mit dem Hund – die Worte sind egal; allein mit dem Klang Ihrer Stimme ist er zu beruhigen und im Zaum zu halten. Denken Sie daran: Stille macht jeden Hund misstrauisch.

Fieber messen

TIPP **Üben Sie das Fiebermessen schon beim gesunden Tier, damit Sie im Ernstfall schnell und sicher hantieren können.**

Wenn Sie den Hund im Nackenfell und am Schwanz festhalten, kann eine zweite Person mühelos ein eingefettetes Thermometer in seinen After einführen. Es wird vorsichtig etwa 3 cm weit hineingeschoben und bleibt 3 Minuten im Mastdarm.

Von Fieber spricht man beim Hund ab etwa 38,5 bis 39 °C. Jüngere Tiere haben übrigens generell eine höhere Temperatur als ältere.

Pulsfrequenz zählen

Anders als beim Menschen schwankt beim Hund die Anzahl der Pulswellen pro Minute je nach Körpergröße sehr stark – man zählt zwischen 60 und 120 Pulsschläge; bei Aufregung sind die Schwankungen noch stärker.

Den Puls fühlt man mit zwei Fingern an der Innenseite des Hinterbeins – weit oben, etwa in der Mitte. Die starke Schlagader ist dort gut zu tasten. Leichte Unregelmäßigkeiten im Rhythmus gelten als normal.

Richtiges Festhalten, zum Beispiel beim Fiebermessen: Der feste Griff ins Nackenfell ist jedem Hund vertraut.

Den Puls fühlt man mit zwei Fingern oben an der Innenseite des Hinterbeins, etwa in der Mitte.

Mit diesem Griff ist das Öffnen der Schnauze problemlos. Beim Schnappen würde sich der Hund in die Lefzen zwicken.

Untersuchung der Maulhöhle

Umgreifen Sie die Schnauze zunächst sanft und drücken Sie, langsam kräftiger werdend, auf die Zahnreihen. Wenn der Hund irritiert das Maul öffnet, müssen Sie darauf achten, dass die Lefzen immer zwischen Ihren Fingern und seinen Zähnen liegen. So beißt er sich beim Schnappen selbst, er wird es also nicht ernsthaft versuchen.

Eines muss Ihnen aber klar sein: Lange hält der Hund sein Maul nicht geöffnet! Blitzschnell muss man hineinschauen und sich ein Bild machen. Das ist nicht einfach und hängt auch mit den Lichtverhältnissen zusammen. Es hilft, wenn eine zweite Person mit einer Taschenlampe in den Rachen leuchtet.

Der zweite Versuch ist dann schon schwieriger als der erste, weil der Hund weiß, was auf ihn zukommt. Deshalb lohnt es sich, das Inspizieren der Maulhöhle beim gesunden Tier wie ein Spiel zu üben. Kurz öffnen, hineinschauen und dann ein Leckerli als Belohnung. Nach einigen Wiederholungen merkt er: Das ist ja überhaupt nicht schlimm und macht sogar Spaß.

Checkliste Hausapotheke

- gebogene scharfe Schere
- Krallenzange
- Zeckenzange
- Plastikpinzette zum Tabletteneingeben
- Thermometer
- Plastikinjektionsspritze (ohne Nadel, zum Einflößen von Flüssigkeiten)
- Verbandswatte
- schmale und breite elastische Mullbinde
- Parasitenbekämpfungsmittel

SPECIAL

Medikamente verabreichen

Gerade bei Tieren ist es keineswegs einfach, die verordneten Mittel auch korrekt zu verabreichen. Die folgenden Hinweise sind praxiserprobt!

Ohrentropfen verabreichen

Damit es Ihnen wirklich gelingt, einige Tropfen in die Ohren zu geben, und damit der Hund sie nicht gleich wieder herausschüttelt, gehen Sie so vor:

- Lassen Sie den Hund absitzen.
- Ziehen Sie ihm die Ohrmuschel sanft nach hinten und oben, da die Flüssigkeit so besser in den gewinkelten Gehörgang hineinrinnt.
- Halten Sie den Kopf danach gut fest und massieren Sie die Gegend des Ohrgrundes schonend, aber sorgfältig. Richtig gemacht, ist diese Massage ein Genuss für den Hund. Kratzt er dann mit den Hinterläufen, bedeutet das Wohlbefinden.

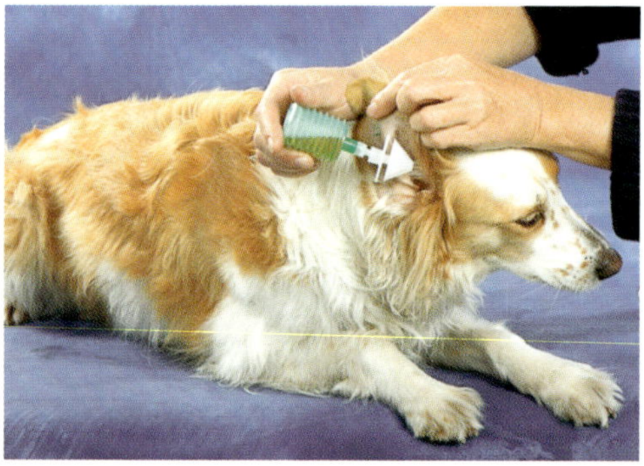

Durch das Wegziehen der Ohrmuschel nach hinten und nach oben können die Tropfen leichter in den Gehörgang eindringen.

Augenpräparate verabreichen

Lassen Sie sich bei den ersten Malen von jemandem helfen. Hat der Patient erst einmal gemerkt, dass er einerseits nicht entweichen kann und andererseits die Prozedur gar nicht schmerzhaft ist, dann schaffen Sie es auch allein.

- Nehmen Sie den Hund sanft auf den Schoß.
- Fassen Sie mit einer Hand seinen Kopf, während Sie mit Daumen und Zeigefinger der anderen Hand vorsichtig die Lider auseinander spreizen.
- Jetzt verabreicht die zweite Person das Präparat. Die Tropfpipette darf dabei höchstens 1 cm vom Auge entfernt sein. Salbe wird direkt zwischen Augapfel und Lid aufgetragen.

Bei Augenpräparaten sind Pipettenspitze beziehungsweise Tubenöffnung abgerundet, eine Augenverletzung ist daher kaum möglich.
Vergessen Sie nicht, nach vollbrachter Tat etwas mit dem Hund zu schmusen. Der letzte Eindruck soll wieder angenehm sein.

Flüssigkeiten einflößen

- Mit einer Hand halten Sie dem Hund die Schnauze zu (Nase nach oben).
- Mit der anderen ziehen Sie die Backentasche nach oben. Nun kann eine zweite Person das Medikament bequem einträufeln.

Doch was tun, wenn der Hund nicht schlucken will? Dann massieren Sie leicht den Kehlkopf. Bei einem besonders bissigen Tier kann man sogar die Schnauze zugebunden lassen.

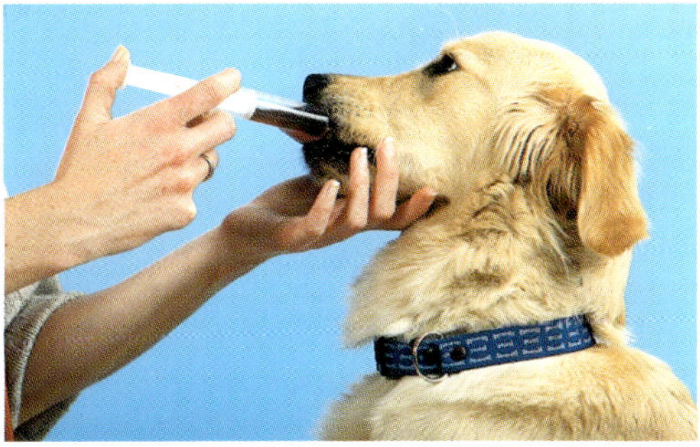

Frauchen hat die Eingabe früher bereits mit Honigmilch geübt, daher macht der Hund jetzt keine Abwehrbewegungen.

Gerät die Flüssigkeit in die Luftröhre und verursacht einen Hustenanfall, müssen Sie sofort loslassen und das Schnauzenband lösen.

Tipp: Man kann wohlschmeckende Medikamente auch ins Trinkwasser geben.

Tabletten eingeben

Tabletten sollten am besten zerbröselt unter eine kleine Menge Futter gemischt werden, aber auch nur, wenn sie nicht schlecht schmecken.
Unangenehm schmeckende drücken Sie in etwas weiche Wurst oder Hackfleisch und necken den Hund mit diesem Happen. Meist schluckt er den endlich erhaschten Bissen sofort hinunter.
Direkt lassen sich Tabletten eingeben, wenn sie mit zwei Fingern über den Zungengrund geschoben werden. Der Hund ist dann gezwungen abzuschlucken.
Wichtig: Manche Hunde spucken Medikamente noch nach erstaunlich langer Zeit wieder aus. Sie sollten deshalb genau beobachten, ob der Hund auch wirklich geschluckt hat.

Zäpfchen einführen

Zäpfchen sind vorteilhaft, denn die Wirkstoffe werden vom Darm schnell aufgenommen und sie lassen sich bequem verabreichen.
Auch um ein Zäpfchen einzuführen, ist die auf Seite 23 beschriebene Liegeposition günstig. Vor allem ein selbstbewusster Hund könnte beim ersten Mal versuchen zu beißen. Später genügt es, wenn eine Person ihn festhält, während die andere mit der linken Hand den Schwanz ergreift und mit der rechten das Zäpfchen einschiebt. Eingefettet gleitet es leichter. Zum Schluss sollten Sie den Schwanz einige Zeit auf den After drücken. Machen Sie dann mit dem Hund einen kleinen Spaziergang. Das lenkt ihn davon ab, das Zäpfchen wieder auszupressen.

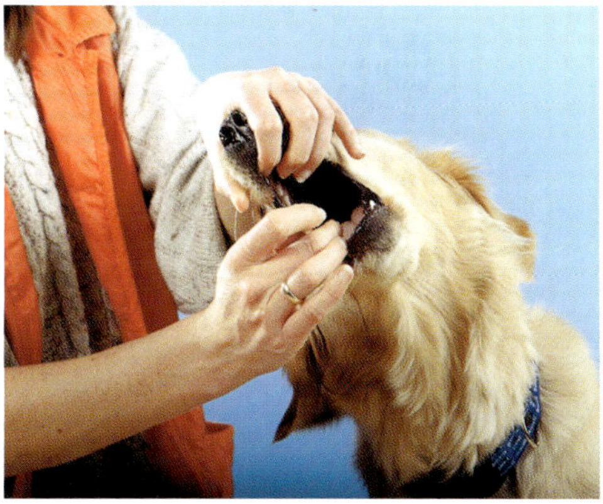

Ist die Tablette erst über den Zungengrund gerutscht, so wird sie auch abgeschluckt. Der Hund muss nur merken, dass ihm kein Sträuben hilft.

Die Wahl des richtigen Tierarztes

TIPP **Fragen Sie ruhig andere Hundebesitzer nach ihren Empfehlungen, falls Sie mit Ihrem Hund noch nie bei einem Tierarzt gewesen sein sollten.**

Jeder Hundehalter braucht einen Tierarzt. Selbst bei stabiler Gesundheit des Vierbeiners sind immer wieder Impfungen fällig; Wurmmittel, Beruhigungstabletten und zuverlässige Flohpräparate liefert der Praktiker, der Ihren Hund gut kennt.

Der Großtierpraktiker

Ihn kann man eigentlich nur in Notfällen zurate ziehen, dann wird aber auch der Großtierpraktiker Ihrem Hund helfen, also etwa, wenn Verletzungen zu versorgen sind. Und er wird Ihnen einen Rat geben können, wie die Behandlung, falls erforderlich, fortgesetzt werden soll. Nach Terminvereinbarung führt er die üblichen Impfungen durch.

Es gibt allerdings auch Großtierpraktiker mit Kleintieranteil. Sie halten regelmäßig Sprechstunden für Kleintiere ab. Das Interesse an den Tieren ist groß und die fachliche Qualifikation meist ausgezeichnet.

INFO **Es gibt bei den Tierärzten inzwischen mehr als 60 Fachrichtungen! Die Skala reicht vom Spezialisten für Geflügel bis zum Fischexperten, vom Lebensmittelkundler und Mikrobiologen ganz zu schweigen.**

Der Kleintierpraktiker

Seine Praxis liegt überwiegend in einer Stadt und er hält regelmäßig Sprechstunden ab. Hausbesuche finden im Regelfall nicht (oder nur in dringenden Fällen) statt. Bedenken Sie bitte: Selbst wenn Sie sich ein Taxi zur Praxis nehmen, wird die Rechnung geringer ausfallen, als wenn der Tierarzt herumfahren und Ihre Wohnung erst suchen muss.

Im Sprechzimmer des Tierarztes ist auch der forscheste Hund lammfromm und daher leichter zu behandeln, zumal wenn man geschickte Praxishelfer hat. In seinem gewohnten Umfeld wehrt er sich seiner Haut und glaubt, unbedingt sein Revier verteidigen zu müssen. Wenn es also irgendwie möglich ist, sollten Sie mit Ihrem Patienten den Tierarzt aufsuchen und nicht um einen Hausbesuch bitten.

Die Klinik

Neben den Hochschulkliniken gibt es in Deutschland inzwischen zahlreiche Tierkliniken, die im Regelfall für die Behand-

Ein Tierarzt ist Freund und kompetenter Helfer der Tiere.

WICHTIG

Im Veterinäramt oder beim ADAC erhalten Sie verbindliche Auskunft über aktuelle Ein- und Ausreisebestimmungen für Tiere.

lung von Kleintieren und Pferden eingerichtet sind. Diese Kliniken haben einen großen Vorteil: Sie können Ihren Hund nach größeren Eingriffen zur Nachbehandlung dort lassen und nach angemessener Zeit wieder abholen. Damit ersparen Sie sich Unruhe im Haushalt und viele Sorgen. Das Tier wird nach einer Operation mit Infusionen, Wärmelampen und anderen Techniken so versorgt, wie Sie es zu Hause gar nicht könnten. Bei großen Eingriffen ist das lebenswichtig. Ansonsten ist Ihr Hund in seinem Heim besser aufgehoben, denn hier kann er seine Krankheit in Ruhe auskurieren, ohne dass er sich in fremder Umgebung zusätzlich noch mit Heimweh plagen muss.

ACHTUNG

Jeder Seuchenverdacht muss dem Amtstierarzt gemeldet werden und er entscheidet über die Maßnahmen, die zu treffen sind.

Der Amtstierarzt

Er übt keine Praxis aus, sondern macht Lebensmittelüberwachung, ist für den Tierschutz zuständig und bekämpft die gravierendsten Tierseuchen. Er allein ist zuständig, wenn es etwa um Tollwutverdacht geht.

ACHTUNG
Beim Umgang mit einem Unfallhund ist Vorsicht geboten, denn auch sanfte und umgängliche Hunde können nach einem Unfall einmal kräftig zubeißen. Das geschieht bei starken Schmerzen oder ist auf ihre Verwirrung zurückzuführen.

Der richtige Transport eines Unfallhundes

Nach einem Unfall sollte der Patient möglichst schnell, doch schonend, zum nächsten Tierarzt gebracht werden. Wenn der Hund noch ohne Schmerzen gehen kann, keine starken Blutungen oder klaffenden Wunden vorliegen, lässt man ihn selbst laufen – zumindest bis zum Transportauto. Der unvermeidliche Unfallschock und die starke nervöse Anspannung des Tieres werden damit gelindert, weil es abgelenkt ist.

Wenn der Patient nicht mehr selbst gehen kann, wird man zunächst einmal die Notversorgung – siehe »Erste Hilfe« Seite 128 f. – vornehmen. Handelt es sich um einen kleinen Hund, transportiert man ihn nun auf dem vertrauten Arm, wobei eine Decke untergelegt wird.

Größere Hunde sollten auf keinen Fall von mehreren Personen angehoben und ins Auto geschafft werden. Das verursacht dem Patienten eigentlich immer starke Schmerzen; er wird sich sträuben und um sich beißen.

Tragen stehen nur selten zur Verfügung. Daher wird man sich mit einer strapazierfähigen Decke behelfen, die dem Unfallopfer zunächst vorsichtig untergeschoben wird. Danach heben mindestens zwei Personen den Hund samt Decke sorgsam an und betten ihn auf die Rückbank eines Autos.

Beim Tierarzt angekommen, sollte man den Patienten nicht sofort hineintragen, sondern den Arzt oder sein Personal benachrichtigen. Möglicherweise muss der Hund zu einer Spezialklinik weitertransportiert werden und vielleicht ist eine Akut-Versorgung noch im Transportwagen erforderlich. Auf jeden Fall erfolgt das Hineintragen besser von geschulten Personen.

Straßenverkehr – darauf hat die Natur den Hund nicht vorbereitet. Deshalb muss ihn der Mensch hier sorgfältig beschützen.

Checkliste Verkehrsunfall

Unfallfahrzeug identifizieren	Fahrzeugkennzeichen und Namen des Fahrers aufschreiben
Hund anleinen	Gefahr des Entweichens
Hund genau beobachten	Tierarzt fragt später danach
keine Diskussion mit Fahrer	Ärger wäre programmiert
Ruhe bewahren	Hektik überträgt sich auf das Tier
Bei Verletzung Tierarzt aufsuchen	sich telefonisch anmelden
Keine sichtbare Verletzung – Spaziergang fortsetzen	Kot- und Urinabsatz genau beobachten und auf Blutbeimengungen achten

Einen verletzten Kleinhund auf eine Decke legen und waagerecht zum Auto tragen.

Ganz wichtig: Die Hunde sind nach jedem Unfall hochgradig aufgeregt. Diese Aufregung steigert sich enorm, wenn sie Hektik und Angst in ihrer Umgebung spüren. Andererseits ist es erstaunlich zu beobachten, wie schnell sich ein Hund beruhigt, wenn er fachgerecht behandelt und versorgt wird. Deshalb soll man zwar beruhigend auf einen Unfallpatienten einreden, ihn jedoch nicht bedauern oder sogar beweinen. Nervöse Naturen haben in der Umgebung eines verletzten Tieres nichts zu suchen; sie müssen sich im Interesse des Patienten von ihm fern halten!

Informationen für den Tierarzt

- Genauer Unfallhergang mit zeitlichem Ablauf
- Wie benahm sich der Hund nach dem Ereignis:
  - Konnte er noch ungestört laufen?
  - Auf welchem Bein/welchen Beinen lahmte er?
  - Aus welchen Körperöffnungen/Wunden hat er geblutet?
  - Welche Erste-Hilfe-Maßnahmen wurden durchgeführt?
  - Gab es Vorerkrankungen?

Wichtig

Im Zeitalter der Handys wird sich eines finden, mit dem der Tierarzt oder die Tierklinik angerufen werden kann, um das Unfallopfer anzumelden. Dann kann man dort bereits alle Vorbereitungen treffen, damit keine wertvolle Zeit verloren geht.

SPECIAL

Erläuterung der Fachbegriffe

Häufig können Laien mit den von den Medizinern verwendeten Fachausdrücken, die ein Krankheitsbild oder ein Symptom präzise beschreiben, leider nicht viel anfangen. Daher werden im Folgenden einige Ausdrücke erklärt, die für dieses Buch eine besondere Bedeutung haben.

● **Anamnese:** Wörtlich »Erinnerung«. Damit bezeichnet man die Krankheitsvorgeschichte des Patienten: Wann hat er die Krankheitserscheinungen zuerst gezeigt, wie alt ist er, wurde er schon vorbehandelt etc. Der Tierbesitzer sollte sich möglichst viele Notizen über die Vorgeschichte seines kranken Hundes machen, damit sich der Tierarzt schnell und umfassend informieren kann.

● **Antikörper:** Kompliziert gebaute Eiweiße, Träger der körpereigenen Abwehr gegenüber Infektionen und Fremdstoffen. Der gesunde Körper bildet sie nach dem Kontakt mit einem Erreger oder mit dessen Stoffwechselprodukten selbst. Dadurch wird der Organismus gegenüber diesen Stoffen immun. Antikörper bilden sich auch nach einer Impfung (aktive Immunisierung) oder werden durch ein Serum zugeführt (passive Immunisierung). Den Gehalt eines Organismus an bestimmten Antikörpern kann man messen und damit den Immunitätsgrad, etwa die Wirkung einer Schutzimpfung, bestimmen. Ein Muttertier gibt seinen Nachkommen mit der ersten Milch (Kolostralmilch) einen Vorrat an wichtigen Antikörpern mit, deren Wirkung einige Wochen anhält. Erst wenn diese so genannten maternalen Antikörper verschwunden sind, ist eine Impfung des Jungtieres sinnvoll.

● **Arzneimittelbild:** In der Homöopathie die Summe aller Erscheinungen, die die zu testende Substanz im gesunden Organismus auslöst. Sie sollte dem zu behandelnden Krankheitsbild möglichst genau entsprechen: Simile-Regel »Simila similibus curentur« = Ähnliches möge durch Ähnliches geheilt werden. Das Grundprinzip der Homöopathie, von Hahnemann zuerst formuliert.

● **Banale Infektion:** Eine alltägliche Infektion wie etwa eine weitgehend harmlose Darminfektion, die zu Durchfall führt. Banal steht im Gegensatz zu einer spezifischen Infektion, beispielsweise der Staupe.

● **Gastritis:** Magenschleimhautentzündung, deren hervorstechendstes Symptom das Erbrechen ist.

● **Inkubationszeit:** Zeitspanne von der Ansteckung bis zum Ausbruch einer Infektionskrankheit. Sie schwankt beispielsweise bei der tödlichen Tollwut stark, kann nämlich zwischen 9 und 51 Tagen betragen. Die Kenntnis der Inkubationszeit ist für den Tierarzt wichtig, weil eine Schutzimpfung innerhalb dieser Spanne unwirksam oder sogar gefährlich wäre.

● **Kastration:** Entfernung der Keimdrüsen; also beim Rüden der Hoden *(Testes)*, bei der Hündin der Eierstöcke *(Ovarien)*.

● **Konjunktivitis:** Bindehautentzündung, die beispielsweise durch Zugluft, jedoch auch durch Erreger oder Fremdkörper im Auge verursacht werden kann.

● **Kortison:** Hormon der Nebennierenrinde, das eine wichtige Rolle im Organismus spielt. Kortison wird in geeigneten

Fällen auch als stark entzündungswidriges Medikament eingesetzt.

● **Läufigkeit:** Die übliche Bezeichnung für die Brunst oder Hitze der Hündin. Läufigkeit deswegen, weil die Hündin während dieser Periode zum Streunen und Entweichen neigt.

● **Laryngitis:** Kehlkopfentzündung mit quälendem Reizhusten.

● **Ovariohysterektomie:** Bei der Kastration einer Hündin werden heutzutage meist nicht nur die Eierstöcke *(Ovarien)*, sondern auch ein Großteil der Gebärmutter *(Hysterektomie)* entfernt. Daher die etwas umständlich klingende Bezeichnung.

● **Pathologisch:** Krankhaft, im Gegensatz zu gesund, normal (physiologisch). Beispielsweise wäre es krankhaft (pathologisch), wenn ein Hund eine Körpertemperatur von über 39 °C hätte. Eine Temperatur um 38 °C ist dagegen noch physiologisch. Das Hecheln eines Hundes bei Hitze ist physiologisch; ein Krampfanfall dagegen pathologisch, er zeigt eine Krankheit an.

● **Peritonitis:** Bauchfellentzündung, also eine Entzündung der dünnen Haut, die die Bauchhöhle auskleidet. Die Peritonitis ist eine gefährliche Komplikation nach Bauchoperationen oder Verletzungen des Bauchraumes.

● **Potenzierung:** Verstärkung. In der Homöopathie versteht man darunter die Wirkungssteigerung der einzelnen Substanzen durch Verschütteln oder Verreiben mit neutralen Stoffen. 1 Teil Wirkstoff mit 10 Teilen beispielsweise Alkohol wäre D1. Davon wieder 1 Teil mit 10 Teilen verschüttelt wäre D2 usw. Man spricht von niedrigen – bis D9 – und hohen Potenzen – ab D19.

● **Prognose:** Vorhersage über den möglichen Verlauf und Ausgang einer Krankheit.

● **Pyometra:** Eitergefüllte Gebärmutter; in aller Regel nur operativ zu entfernen.

● **Sektion:** Zerlegung eines verstorbenen oder getöteten Tieres, um die Todesursache festzustellen. Der Tierbesitzer sollte bei unklarer Ursache immer eine Sektion verlangen, wenn er mehrere Hunde hält und befürchten muss, dass die vermutete Erkrankung auch auf seine anderen Tiere übergehen könnte.

● **Spasmolytikum:** Krampflösendes Mittel. Auch warme Umschläge wirken krampflösend.

● **Sterilisation:** Unfruchtbarkeitsmachung. Im Gegensatz zur Kastration bleiben die Keimdrüsen und damit der Geschlechtstrieb erhalten. Bei der Hündin werden hier die Eileiter durchtrennt, beim Rüden die Samenleiter.

● **Toxikologie:** Lehre von den Giften. Der Toxikologe ist Fachmann für die verschiedensten Arten von Giften und Behandlung bei einer Vergiftung.

● **Tumor:** Schwellung, Geschwulst, Gewächs. Ein Tumor ist eine Geschwulst, die gutartig oder bösartig sein kann.

● **Ulkus:** Geschwür; eine schlecht heilende Wunde.

● **Vomitus, Emesis:** Erbrechen. Präparate, die das Erbrechen verhindern, bezeichnet man als Antiemetika. Das Erbrechen verläuft beim Hund sehr leicht, meistens ohne Krankheitserscheinungen. Eine Behandlung ist daher nur dann erforderlich, wenn das Allgemeinbefinden deutlich gestört ist.

Krankheiten erkennen und richtig behandeln

Damit dem Hund möglichst rasch fachkompetent geholfen werden kann, muss der Besitzer den Vierbeiner gut beobachten und erste Anzeichen einer Krankheit rechtzeitig erkennen.

Liegt der kleine Freund grundlos müde und apathisch auf seinem Hundeplatz und frisst schlecht, fühlt er sich nicht wohl.

Verhaltensänderungen

WICHTIG
Die Behandlung mit Präparaten, die das Verhalten beeinflussen, ist bei den Besitzern nicht sehr beliebt. Das Tier wird damit aber besser mit seinen Problemen fertig und es besteht – im Gegensatz zur Humanmedizin – keine Gefahr der Sucht oder Gewöhnung.

Wenn sich das Verhalten Ihres Hundes urplötzlich verändert, kann das eine harmlose Erklärung haben. Vielleicht
- ist ein unerwünschter Konkurrent in der Nachbarschaft aufgetaucht,
- wurde eine Nachbarschafts-Hündin läufig,
- ist ihm eine Mahlzeit nicht bekommen,
- änderten sich die Beziehungen in seiner Menschenfamilie.

Sein überraschendes Benehmen kann aber auch das Anzeichen einer ernsthaften Erkrankung sein. Deshalb werden im Folgenden einige typische Verhaltensänderungen aufgezählt und erläutert.

Winseln

Hunde haben eine ausdrucksvolle Sprache. Das Winseln ist vieldeutig, es kann Schmerzen, Unruhe, Angst und den Wunsch nach Anteilnahme ausdrücken. Wenn ein Rüde urplötzlich herzzerreißend winselt, befindet sich wahrscheinlich eine läufige Hündin in der Nachbarschaft und er äußert damit seinen Liebeskummer.

Trifft das nicht zu, so muss man sorgfältig nach der Ursache forschen. Lässt sich das Winseln mit einem guten Wort, einer Schmusestunde und einer leckeren Mahlzeit nicht beheben, so ist der Tierarztbesuch fällig.

WICHTIG
Wenn ein Rüde vor Liebeskummer »weint«, nützen weder Trost noch Strafe. Man kann ihm allenfalls starke Beruhigungsmittel vom Tierarzt geben oder sich – als dauerhafte Lösung – zur Kastration entschließen.

Berührungsempfindlichkeit

Es kommt vor, dass Hunde bei liebevollen Berührungen im Hals-Nacken-Bereich offensichtlich starke Schmerzen haben. Sie heulen auf und können sogar versuchen zu schnappen. Es handelt sich dann um eine echte Überempfindlichkeit (Hyperästhesie). Das kann ein Anzeichen für eine ernste Erkrankung, beispielsweise Dackellähme, sein.

Versuchen Sie zunächst eine Wärmebehandlung. Wenn aber keine Besserung eintritt, sollte ein Tierarzt den Patienten unbedingt genau untersuchen. In dieser Anfangsphase ist eine Behandlung nämlich sehr Erfolg versprechend!

Ängstliche Hunde verstecken sich gerne und gehen Konfrontationen aus dem Weg.

Ängstlichkeit

Die Charaktere der Hunde sind ebenso unterschiedlich wie die von uns Menschen. Schon im Wurf zeichnen sich einige Welpen durch putzig wirkende Angriffslust aus, andere halten sich vorsichtig im Hintergrund. Aus einem solchen Tier wird wohl nie ein forscher Hund werden, was auch seine Vorteile hat. Bei liebevoller Behandlung bessert sich die angeborene Ängstlichkeit, der Hund muss »weich« erzogen werden.

Es gibt aber auch Fälle von krankhafter Ängstlichkeit, die eine Behandlung erfordern. Sie besteht in professioneller Verhaltenstherapie plus entsprechenden Medikamenten.

Unsauberkeit

Wenn eine stubenreiner Hund plötzlich in die Wohnung macht, kann eine Krankheit dahinter stecken. Bei einem jungen Tier ist es aber möglich, dass ein dominanter Rüde in der Nachbarschaft aufgetaucht ist und es sich nicht mehr traut, seine Kotmarkierung draußen abzusetzen.

ACHTUNG

Ängstliche Hunde sollte man – auch wenn es sich anbietet – bei Angstzuständen nicht vermehrt streicheln und verwöhnen. Damit wird nämlich ihr ängstliches Verhalten noch belohnt und verstärkt.

Krämpfe

WICHTIG
Während eines Krampfanfalls sollte man das Tier zufrieden lassen; nicht etwa hochheben, trösten wollen oder ihm gar etwas einflößen. Der Anfall klingt am besten in einem halbdunklen ruhigen Raum ab. Wenn der Tierarzt ein Mittel zur Abkürzung verordnet hat, verabreicht man es als Zäpfchen (Suppositorium).

Der Krampfanfall ist ein dramatisches Ereignis, das keinen Hundebesitzer kalt lassen kann. Trotzdem muss der Halter sich zu genauer Beobachtung zwingen, denn der Tierarzt benötigt einen genauen Bericht über den Ablauf. Wie lange dauerte der Anfall, war das Tier noch bei Bewusstsein, gab es Vorwarnungen, hat es schon früher einmal gekrampft und zu welcher Tageszeit? Das alles möchte der Tierarzt für seine Diagnose wissen. Es ist zweckmäßig, sich unmittelbar nach dem Anfall Aufzeichnungen zu machen, denn gerade dramatische Vorfälle werden in der Erinnerung leicht verfälscht. Die Abklärung der Ursachen ist eine – nicht immer einfache – Aufgabe für den Tierarzt. Sie sollten ihn also bald aufsuchen, allerdings nicht als Notfall. Es reicht, wenn das in den nächsten Tagen erfolgt.

Wälzen, Schreien

Das sind so ernste Krankheitszeichen, dass man mit dem Hund sofort zum Tierarzt muss. Verschiedene schwere Krankheiten sind denkbar (Magendrehung, Fremdkörper im Rachen, Vergiftungen, plötzliche Infektionen und vieles mehr). Vergeuden Sie keine Zeit mit fruchtlosen Überlegungen, sondern rufen Sie den Tierarzt an, damit er sich auf den Notfall einrichten kann, und fahren Sie sofort hin. Ein Hausbesuch ist weniger gut, da das Tier für eine mögliche Notoparation noch zeitaufwendig transportiert werden muss.

TIPP
Um einen Anfall genau beschreiben zu können, ist die moderne Technik sehr hilfreich. Man kann seine Beobachtungen auf ein Tonbandgerät sprechen oder das ganze Ereignis mit einem Camcorder filmen und das Ergebnis dem Tierarzt vorführen.

Bissigkeit

Wenn ein ruhiger Hund plötzlich knurrt und bissig wird, sollte man sorgfältig überprüfen, ob die Hierarchie in der Familie für ihn völlig klar ist. Knurrt er nur manche Menschen – Kinder, ältere Personen, neue Menschen im Haushalt – an, so sind Lehrstunden fällig. Die Betreffenden dürfen ihn unter Aufsicht sorgsam kämmen und bürsten, auch gelegentlich das Futter reichen.

Hunde können aber auch bei Schmerzzuständen bissig werden, darauf müssen Sie achten! Besonders schmerzhaft sind Störungen im Bereich des Bewegungsapparates (Rheuma,

Zeigt ein Hund am Gartenzaun die Zähne, will er meistens nur sein Revier bewachen.

Arthrose, Verspannungen), die der Hund zumeist tapfer erträgt, bis es nicht mehr geht. Natürlich darf man ihn dann nicht strafen. Er muss eine entsprechende Behandlung bekommen, die ihm vor allem die Schmerzen nimmt.

INFO **Schmerzhafte Lähmungen sind zwar eine Plage für den Patienten, haben aber bessere Heilungsaussichten als schmerzlose, schlaffe. Es ist als günstig zu werten, wenn bei der Behandlung das Gefühl in die gelähmten Gliedmaße zurückkehrt.**

Lähmungen

Ein schreckliches Bild, wenn der geliebte Hund plötzlich eine oder mehrere Gliedmaßen hinter sich herschleppt. Das kennen Dackelbesitzer leider zur Genüge, doch kommt es auch bei anderen Hunderassen vor. Das Verhalten des Patienten wird sich dabei grundlegend ändern. Er hat starke Schmerzen oder leidet unter seiner Unsauberkeit, wenn Harn- und Kotabsatz nicht mehr unter Kontrolle sind.

Die Behandlung ist natürlich Sache des Tierarztes, doch sind gerade bei Lähmungen pflegerische Maßnahmen unerhört wichtig. Der Hund muss mehrfach täglich sorgsam gereinigt werden, man stellt ihm leicht verdauliches Futter hin, Trinkwasser ist selbstverständlich und – für liebevolle Zuwendung ist er sehr dankbar, das fördert auch die Heilung.

ACHTUNG

Für den Menschen gedachte Schmerzmittel werden vom Hund sehr schlecht vertragen (Magenblutungen!).

SPECIAL

Herzschwäche

Zahlreiche Erkrankungen des Herzens führen zur Herzschwäche (Herzinsuffizienz). Dieses Leiden hat eine besondere Bedeutung, denn es ist recht häufig, lässt sich gut behandeln – vor allem im Anfangsstadium –, wird aber meistens viel zu spät erkannt. Der Grund liegt in der Natur des Hundes, der seine Schwäche lange verbirgt, sich nichts anmerken lässt. Als Rudeltier möchte er auf keinen Fall von seiner vertrauten Gruppe ausgeschlossen werden. Ein einsamer Wolf, der dem Rudel nicht mehr folgen kann, ist praktisch verloren.

Dieser Instinkt steckt auch noch im Haushund. Selbst wenn er sich schwach fühlt, möchte er auf jeden Ausflug mitgenommen werden, will nicht allein zu Hause bleiben. Deshalb ist es für den Laien so schwierig, die ersten Anzeichen einer Herzschwäche zu erkennen.

Man unterscheidet 4 Stadien:

● Im Stadium 1 merkt man dem Hund praktisch nichts an. Nur der Tierarzt kann beim Abhören ein charakteristisches Herzgeräusch feststellen.

● Im Stadium 2 fällt dem Besitzer allenfalls eine gewisse Lustlosigkeit seines Hundes auf, dieser hustet auch ab und zu – vor allem nach längerer Ruhe. Jetzt wird es höchste Zeit, zum Tierarzt zu gehen!

● Im Stadium 3 wird das Husten häufiger, der Hund wirkt schlapp und müde.

● Im Endstadium 4 atmet der Patient auch schon beim ruhigen Liegen schwer. Er besitzt keine körperliche Leistungsfähigkeit mehr und muss zum Tierarzt getragen werden.

Übersicht über die Herzschwäche-Stadien

Stadium 1	Tierarzt kann Herzgeräusche hören
Stadium 2	Lustlosigkeit, gelegentliches Husten
Stadium 3	häufiges Husten; Hund ist schlapp und müde
Stadium 4	Zusammenbruch; keine Leistungsfähigkeit mehr

Ein Indiz für Herzschwäche

Manchmal fällt auf, dass der Hund plötzlich artiger wird. Er springt nicht mehr so viel an Besuchern hoch, stellt sich auch sonst kaum noch auf die Hinterbeine und läuft beim Spaziergang nicht mehr weg. Das kann der Hinweis auf ein Herzleiden sein!

Ursachen und Verlauf

Der zur Herzschwäche führende Herzschaden kann angeboren (beispielsweise Klappenfehlbildung, Loch in der Herzscheidewand) oder erworben sein, etwa durch eine Infektion oder durch übermäßige Anstrengung. Auf jeden Fall muss das vorgeschädigte Herz mehr arbeiten. Dabei verdickt sich der Herzmuskel, der Schaden wird ausgeglichen (kompensiert). Irgendwann geht das aber nicht mehr, die Pumpleistung des Herzens lässt nach, es kommt zu starken Leistungseinbußen. Das Blut staut sich vor dem Herzen in der Lunge (»Wasser in der Lunge«). Der Besitzer bemerkt das an häufigem Husten, der auf keine Hustenmittel anspricht. Dieser Zustand verschlechtert sich rapide, wenn keine Behandlung erfolgt.

Behandlung

Die Behandlung der Herzschwäche ist ausschließlich Sache des Tierarztes, der nach genauer Untersuchung ein Behandlungskonzept festlegt. Es beruht im Wesentlichen auf der Gabe von Medikamenten. Altbekannt ist der Fingerhut, neuere Präparate wirken wesentlich besser und haben weniger Nebenwirkungen.
Sehr wichtig ist, dass die Medikation zuverlässig und regelmäßig erfolgt. Variationen der ärztlichen Anweisung durch den Besitzer – von diesen Tabletten einige weniger, von anderen einige mehr – können schlimme Folgen haben.
Die korrekte Behandlung wird die Lebensqualität des kranken Hundes erhöhen und seine Lebensspanne deutlich verlängern.

Wichtiger Hinweis: Fettsucht verschlimmert jede Form der Herzschwäche. Eine schonende Abmagerungsdiät verbessert daher den Behandlungserfolg.

Bewegungstherapie

Bei menschlichen Herzpatienten hat sich die Einrichtung so genannter Herzsportgruppen sehr bewährt, denn das Herz ist ein Muskel, den man innerhalb gewisser Grenzen durchaus trainieren kann. Allerdings: Damit es nicht zu schlimmen Zwischenfällen kommt, sind regelmäßige Pulskontrollen unerlässlich; außerdem muss immer ein erfahrener Arzt dabei sein, der im Notfall kompetent helfen kann. Dieser Aufwand ist bei herzkranken Hunden kaum zu realisieren. Sie neigen bei jeglicher Bewegung von ihrer Natur her zur Überforderung.
Sie sollten den Tierarzt also genau befragen, wie viel Bewegung Ihrem Patienten im konkreten Einzelfall gut tut. Dabei ist die genaue zeitliche Begrenzung durch den Menschen wichtig – auch wenn der Hund noch ungeduldig kläfft und herumtoben will. Lassen Sie sich sicherheitshalber zeigen, wie sich ein Zwischenfall ankündigt und was dabei als Erstversorgung zu tun ist!

Gebissschäden

Ältere Hunde haben zuweilen dicke Zahnsteinkrusten und faulende Zähne. Das kann die Ursache für eine erste Schädigung des Herzens sein! Der Grund: In den Zahnbelägen wuchern zahlreiche Bakterien, die ständig Gifte (Toxine) absondern. Darunter leidet der empfindliche Herzmuskel, der damit geschwächt wird (toxische Herzinsuffizienz). Bei Herzkrankheiten daher auch immer das Gebiss untersuchen und bei Bedarf sanieren lassen!

Kerngesund wirkende muntere Hunde! Doch auch sie können schon das Stadium 1 einer Herzschwäche entwickelt haben. Sicherheit bringt erst die tierärztliche Untersuchung.

SPECIAL

Mein Hund ist aggressiv

Hunde sind es gewöhnt, sich in eine Hierarchie einzugliedern. Der Ranghöhere darf zuerst an die Futterschüssel, sucht sich den bequemsten Lagerplatz aus – kurzum, er benimmt sich den anderen Hunden gegenüber wie ein Vorgesetzter mit bestimmten Privilegien. Diese festgelegte Rangordnung vermeidet ständige Streitereien und Aggressionen, sie gehört für den Hund zum normalen Leben. Eine ungeklärte Hierarchie macht ihn dagegen unsicher und unzufrieden. Eines muss unzweifelhaft klar sein: **In der Familie steht der Hund am untersten Ende der Hierarchie!** Ist das nicht der Fall, so würde er gegen die vermeintlich unter ihm stehenden Menschen – vielleicht Kinder oder ältere Personen – ständig opponieren, sie anknurren oder sogar beißen. Daher darf kein Zweifel an seiner hierarchischen Einordnung bestehen! Ansonsten wird oder bleibt er aggressiv und latent gefährlich.

Wie macht man dem Hund zu seinem eigenen Nutzen klar, wohin er gehört?

Ganz gewiss nicht durch Schläge, Anbrüllen oder sonstige Strafen. Wenn Folgendes konsequent beachtet wird, werden Sie immer einen umgänglichen Hund in der Familie haben:

1. Der Hund geht immer als Letzter durch eine Tür und steigt auch als Letzter in das Auto ein.
Begründung: Der Rudelführer geht voran, dann folgt ihm der Rest.
2. Grundsätzlich – und ohne Ausnahme – wird der Hund nach den menschlichen Mahlzeiten gefüttert.
Begründung: Nach dem Erlegen der Jagdbeute beginnt der Rudelführer mit der Mahlzeit; erst danach bedienen sich seine Rudelgenossen. Damit werden unnötige Futterstreitigkeiten vermieden.
3. Der Hund hat aufzustehen und beiseite zu gehen, wenn der Mensch seinen Weg kreuzt. Also nicht etwa über ihn hinwegsteigen oder einen Umweg machen.
Begründung: Der Rudelführer bestimmt den Weg, dabei darf ihm keiner in den Weg kommen.
4. Der Hund darf sich nicht auf eine menschliche Ruhestätte – Bett, Sessel oder Sofa – legen. Vor allem auch dann nicht, wenn nur die Kinder daheim sind, auf die er nicht hören will.
Begründung: Der Lagerplatz des Ranghöheren ist ein »heiliger« Ort, der für Rangniedrigere tabu ist.
5. Ganz bewusst sollte sich jedes Familienmitglied ab und zu kurzfristig entweder auf den Lagerplatz des Hundes setzen oder stellen.
Begründung: Siehe Punkt 4.! Damit zeigt man dem Hund ganz deutlich, wer über ihm steht.
6. Jedes, wirklich jedes Familienmitglied, kämmt und bürstet den Hund manchmal; ob es nun zur Pflege erforderlich ist oder nicht.
Begründung: Diese angenehmen Hantierungen akzeptiert ein selbstbewusster Hund nur vom Ranghöheren, der ihm damit seine wohlwollende Überlegenheit anzeigt.

Wichtiger Hinweis: Wenn der Hund noch nicht daran gewöhnt ist, könnte er bei den Maßnahmen 5., 6. und 7. mit Abwehrbewegungen, Knurren oder sogar Schnappen reagieren. Daher sollten vor allem bei Kindern und älteren Personen zunächst immer die eindeutig Ranghöchsten – Frauchen oder Herrchen – anwesend und eingreifbereit sein!

7. Im Gegensatz zu manch anderen Autoren empfehle ich, dem Hund auch ab und zu das geliebte Futterschüsselchen fortzunehmen. Sei es, um es zu füllen, sei es, um etwas Futter dazu zu tun. Der Hund – der zunächst empört sein wird – soll es also nicht als Strafe empfinden! Begründung: Nur ein absolut anerkannter Ranghöherer darf sich an der Futterschüssel »vergreifen«. Das ist für den Hund das ultimative Zeichen für die Überlegenheit seines Menschen, auf das man nicht verzichten sollte!

Bei der konsequenten Beachtung dieser einfachen Regeln wird das Problem Aggressivität des Hundes gar nicht erst auftreten und Sie bekommen zusätzlich noch einen zufriedenen Vierbeiner!

Kastration

Die Kastration des Rüden und – in geringerem Maße – der Hündin kann eine Hilfe sein, wenn es sich abzeichnet, dass das Tier aggressiv zu werden droht. Das kündigt sich zuweilen schon im Welpenalter an. Der kleine Bursche knurrt und kneift in menschliche Beine oder Hände, wenn ihm etwas nicht passt. Er geht drohend auf manche Personen zu und ist offensichtlich stolz, wenn er sie verjagt hat. Das wirkt bei Welpen und Junghunden unerhört putzig und wird deshalb von unerfahrenen Besitzern sogar noch gefördert. Man muss sich aber klarmachen, dass dies eine Erziehung auf Aggressivität ist. Abhilfe schafft ein konsequentes Verhaltenstraining, wie weiter oben beschrieben. Wenn das allein aber nichts nützt, kann man mit dem Tierarzt besprechen, ob vielleicht eine Kastration angebracht ist. Wie die Entscheidung auch ausfällt, Sinn hat dieser Eingriff nur bei jungen Tieren, etwa bis zum Alter von 2 Jahren. Danach kann man keinen merkbaren Einfluss auf die Aggressivität mehr erwarten.

Aggressivität ist grundsätzlich normal. Der Hundehalter muss bei der Erziehung aber dafür sorgen, dass sie nicht zum Problem wird.

Infektionskrankheiten

Nachstehend werden die wichtigsten durch Viren übertragenen Infektionskrankheiten behandelt. Krankheitsbilder und Übertragungswege finden Sie auf S. 48 f.

Staupe

WICHTIG
Behandeln ist ein Notbehelf, die Staupe sollte unbedingt durch eine zuverlässige Impfung verhindert werden.

Die Staupe befällt zumeist Junghunde, aber auch ältere können noch erkranken. Besonders gefährdet sind geschwächte Tiere, die Parasitenbefall, andere Erkrankungen oder seelischen Kummer haben.

Die Staupe wird durch ein recht tückisches Virus verursacht. Etwa 3 bis 6 Tage nach der Ansteckung bricht die Krankheit aus. Zunächst ist sie von einer schweren Erkältung nicht zu unterscheiden. Typisch ist ein mit kurzer Scheinheilung verbundener zweimaliger Fieberschub. Nach dem Virus besiedeln Bakterien ein vorgeschädigtes Organsystem. Die Augen können betroffen sein, es kann die Lunge (Lungenstaupe), der Magen-Darm-Kanal (Darmstaupe), aber ebenso fast jedes andere Organ erkranken. Durch gute Pflege können Sie die tierärztlichen Heilmaßnahmen wirksam unterstützen.

Im unmittelbaren Anschluss an den zweiten Krankheitsschub oder auch einige Wochen später kann es zur gefürchteten »nervösen Staupe« kommen, auf die hier nicht näher eingegangen werden kann. Sie ist die häufigste Ursache der Epilepsie (Fallsucht) beim Hund (s. Seite 88).

ACHTUNG
Nach jüngsten Beobachtungen von Fachleuten tritt die Staupe wieder häufiger auf, daher sollten Sie Ihren Hund unbedingt impfen lassen!

Hartballenkrankheit

Neben der klassischen Staupe gibt es noch deren bösartige Form, die Hartballenkrankheit (Hard pad disease). Hier fehlt der staupetypische zweimalige Fieberschub, rasche Todesfälle sind häufig. Falls der Hund die zweite Krankheitswoche erlebt, tritt eine starke Verhornung der Ballen und des Nasenspiegels ein. Das Staupevirus kann von kranken Hunden bis zu 2 Monate lang ausgeschieden werden – die gesunden Tiere infizieren sich daran. Außerhalb des Körpers wird das Virus bei Temperaturen um 20 °C schon nach 1 Tag unwirksam, bei Sonnenlicht noch schneller.

Ansteckende Leberentzündung *(Hepatitis contagiosa canis)*

Sie verläuft ähnlich wie die Staupe. Welpen sterben meist ganz plötzlich daran, ältere Tiere haben, wie bei der Staupe, alle Anzeichen einer schweren Erkältung mit Fieber. Der zweimalige Fieberschub fehlt allerdings. Beim Druck auf den Bauch (Hochheben) geben die betroffenen Tiere zu erkennen, dass sie Schmerzen haben. Charakteristisch ist eine Hornhauttrübung, die häufig auftritt, wenn die Krankheit bereits überstanden wurde.

Bei der ansteckenden Leberentzündung sind die Heilungsaussichten günstiger als bei der Staupe. Bei Welpen wird sie aber meist zu spät kommen. Lassen Sie den Hund impfen!

WICHTIG

Wenn die Augen gerötet sind, die Nase läuft und das Tier matt, unlustig und appetitlos ist, sollte man zum Tierarzt gehen! Lassen Sie sich nicht zur Selbstbehandlung verleiten!

Borreliose

Die durch Zeckenstiche übertragene Borreliose gewinnt auch bei Hunden eine zunehmende Bedeutung. Sie äußert sich reichlich unbestimmt durch wechselnde Lahmheiten, gelegentliche Fieberschübe und allgemeine Abgeschlagenheit. Eine Behandlung ist mit einer Antibiotika-Kur möglich, besser ist aber die Vorbeugung. Sie besteht zum einen im Schutz vor Zeckenbefall, zum anderen in der neuerdings möglichen Schutzimpfung. Diese sollte möglichst in der kalten Jahreszeit durchgeführt werden, damit die Hunde während der Zeckensaison geschützt sind!

Nur eine ordnungsgemäß durchgeführte Impfung schützt Welpen gegen die zahlreich vorhandenen Krankheitserreger.

Leptospirose

WICHTIG
Bei Leptospirose ist eine Schutzimpfung dringend zu empfehlen, wenn sie auch nicht so zuverlässig wirkt wie bei den anderen genannten Infektionskrankheiten.

Durch eine bestimmte Bakterienart, die *Leptospira icterohaemorrhagiae*, wird die so genannte Stuttgarter Hundeseuche verursacht.

Viele Leptospirenarten finden sich bei Nagetieren in oder am Wasser. Jagdhunde sind daher besonders gefährdet. Erstes Anzeichen einer Leptospirose ist häufig eine Schwäche der Hinterhand: Treppensteigen wird mühsam. Dann tritt Mattigkeit auf, die Augen werden rot – wie bei der Staupe –, und besonders schlimm ist es, wenn Durchfall und Erbrechen dazukommen.

Vor allem gelbliche Augen und eine gelbliche Maulschleimhaut sind sichere Zeichen für einen schweren Verlauf der Gelbsucht. Sie ist immer mit einer Nierenentzündung verbunden, bei der sich Eiweiß im Urin zeigt. Bei rechtzeitigem Behandlungsbeginn sind die Heilungschancen aber relativ gut. Die Leptospirose hat besondere Bedeutung, weil einige Erreger auch beim Menschen zu Erkrankungen führen können, wobei Fieberschübe vorherrschen.

Tollwut

WICHTIG
Die rasende Wut mit Beißsucht und zwanghafter Unruhe gibt es kaum mehr. Heute wirken tollwütige Hunde meist benommen, später kommt es zur Lähmung, die am Unterkiefer beginnt und dann zu Speichelfluss und zur Veränderung der Stimme (sie wird heiser) führt.

Sie befällt Mensch wie Tier und führt ausnahmslos zum Tod. Bei der Ansteckung zeigen sich erste Krankheitsanzeichen in

Wasser bringt vielen Hunden Spaß. Am und im Wasser lauern aber auch gefährliche Krankheitserreger.

einem Zeitraum von 1 Woche bis zu einigen Monaten nach der Rauferei mit einem tollwütigen Tier. Sie sind aber leider nur wenig typisch. Schalten Sie beim geringsten Tollwutverdacht unbedingt einen Tierarzt ein! Hier ist allerdings nicht der Haustierarzt zuständig, sondern der Amtstierarzt.

Das Vorkommen von Tollwut wird in den betroffenen Gebieten immer durch gut sichtbare Schilder an den Spazierwegen und Straßen bekannt gemacht. Die Hunde sind an der Leine zu führen. Lassen Sie Ihren Hund dort wirklich nie frei herumlaufen, auch wenn Ihnen das leid tut.

WICHTIG

Wenn in Ihrer Wohnumgebung auch nur der geringste Verdacht auf Tollwut besteht, ist die Schutzimpfung anzuraten. Sie ist sehr wirksam und unschädlich.

Toxoplasmose

Nach neuesten Erkenntnissen wird die Toxoplasmose nicht durch Hunde auf den Menschen übertragen. Diese Krankheit führt beim ungeborenen Menschen zu Missbildungen, aber auch Kleinkinder sind gefährdet.

Toxoplasmose wird nur durch Katzen oder durch den Genuss von rohem Fleisch auf den Menschen übertragen. Beim Hund bleibt sie meist unentdeckt, schwere Verlaufsformen sind selten. Eine Impfung gibt es nicht, sie erscheint auch unnötig.

Parvovirose (Katzenseuche)

Diese Hundekrankheit, allgemein als »Katzenseuche« bekannt, ist relativ neu. Das Parvovirus ähnelt dem Erreger einer Katzenkrankheit (Panleukopenie), ohne mit ihm identisch zu sein. Für den Menschen bedeutet es keine Gefahr.

Welpen sterben an der Parvovirose sehr schnell aufgrund einer Herzmuskelentzündung. Sie sind hochgradig gefährdet, wenn sich der Erreger in ihrer Umgebung befindet. Bei älteren Tieren tritt zunächst unstillbares Erbrechen, dann blutigwässriger Durchfall auf. Dabei sind sie apathisch und völlig appetitlos. Auch bei fachgerechter Therapie bestehen nur geringe Heilungsaussichten. Die vorbeugende Impfung hat sich bewährt. Sie ist Züchtern und Besitzern junger Hunde dringend anzuraten. Bei erwachsenen Tieren bleibt es eine Ermessensfrage. Lassen Sie sich von Ihrem Tierarzt beraten. Bitte keine Panik! Durchfälle sind bei Hunden sehr häufig und ganz natürlich. Keinesfalls liegt immer eine Parvovirose vor.

INFO

Die Übertragung der Parvovirose erfolgt von Hund zu Hund oder durch Menschen, die das sehr widerstandsfähige Virus weitertragen. Weder können Hunde sich an Katzen anstecken noch umgekehrt.

Die Infektionskrankheiten des Hundes

Erkrankung	Krankheitsbild	Übertragung durch
Borreliose (»Zeckenkrankheit«)	unspezifisch Fieber, Lahmheiten	infizierte Zecken (Holzbock)
Hepatitis c.c. (»ansteckende Leberentzündung«)	Welpensterben, Bauchschmerzen, staupeähnlich, Hornhauttrübung	infizierte Tiere, infiziertes Futter
Leptospirose (»Stuttgarter Hundeseuche«)	Hinterhandschwäche, rote Augen, Durchfall, Erbrechen, Gelbsucht	infizierte Nagetiere am Wasser
Parvovirose (»Katzenseuche«)	Welpensterben, Erbrechen, Durchfall	infizierte Hunde, Virus in der Umgebung (sehr widerstandsfähig!), nicht durch Katzen!
Staupe	wie schwere Erkältung; rote Augen, laufende Nase, Mattigkeit, Unlust	infizierte Tiere
Tollwut	unspezifisch! Lähmungen, Wesensveränderungen, Speichelfluss, kaum Beißsucht	Speichel infizierter Tiere
Zwingerhusten	starker trockener Reizhusten	infizierte Tiere

In besonderen Fällen sind viele Tierärzte auch zu Hausbesuchen bereit.

Erkrankung	Inkubationszeit*	Überlebens-chancen	Schutz-impfung	Gefahr für Menschen
Borreliose	Tage bis Wochen	gut	gut wirksam	ja, durch infizierte Zecken
Hepatitis c.c.	1 – 3 Tage	unterschiedlich, bei Welpen gering	gut wirksam	keine
Leptospirose	12 – 21 Tage	unterschiedlich von Erregertyp abhängig	wirksam	vorhanden,
Parvovirose	5 – 12 Tage	unterschiedlich, bei Welpen gering	gut wirksam	keine
Staupe	3 – 7 Tage	unterschiedlich	gut wirksam	keine
Tollwut	2 Wochen bis 9 Monate	immer tödlich!	sehr gut wirksam	vorhanden, keine Behandlung möglich
Zwingerhusten	5 – 14 Tage	unterschiedlich, abhängig von körpereigener Abwehr	wirksam	keine

* Inkubationszeit = Zeitspanne von der Infektion bis zum Krankheitsausbruch

In seinem gemütlichen Körbchen fühlt sich ein kranker Hund am wohlsten.

SPECIAL

Der Hund – ein Gesundheitsrisiko?

In erster Linie fördern Hunde die menschliche Gesundheit auf vielfältige Weise:

- Sie strukturieren den Tagesablauf, weil sie regelmäßig gefüttert und ausgeführt werden möchten.
- Der täglich notwendige Spaziergang mit dem Vierbeiner verschafft dem Halter die gesundheitlich so wichtige Bewegung.
- Der Hund ist ein geduldiger Zuhörer, der die Kümmernisse vertrauter Personen instinktiv erfasst, ohne dazwischenzureden, er tut also in schwierigen Situationen der Seele gut.
- Der Hund erleichtert die Kontaktaufnahme zu anderen Menschen und wirkt damit der Einsamkeit entgegen.

Trotz dieser positiven Eigenschaften darf man aber auch die möglichen Risiken und Gefahren nicht außer Acht lassen, die ein Hund mit sich bringen kann.

Beißen

Bei besonders ungeschicktem Verhalten des Menschen oder bei auf Angriffslust abgerichteten Tieren kann das passieren. Man schützt sich am besten durch hundegerechtes Verhalten:

- Ein fremder Hund wird nicht angefasst.
- Begegnet man einem aggressiven Hund, so bleibt man ruhig stehen und versucht nie wegzulaufen oder den Hund etwa zu treten.

Allergien

Allergien auf Hundehaare kommen vor, sind aber relativ selten. In leichten Fällen könnte der Hausarzt eine Hyposensibilisierung versuchen, bevor man das geliebte Tier abschafft.

Tollwut

In früheren Zeiten hatten Hunde eine gewisse Bedeutung als Überträger der tödlichen Tollwut. Davon kann heute – dank der allgemein üblichen Tollwutschutzimpfung – keine Rede mehr sein. Allerdings ist im Ausland, beispielsweise in Indien, fremden Hunden gegenüber größte Vorsicht geboten.

Wichtig: Korrekt gegen Tollwut geimpfte Hunde stellen für ihre Halter auch dann kein Gesundheitsrisiko dar, wenn sich das Tier etwa mit einem tollwütigen Fuchs – das kommt heutzutage praktisch nicht mehr vor! – herumgebissen haben sollte!

Kinder und Hunde

Es gilt die Grundregel, dass man kleinere Kinder nie mit Hunden allein lassen sollte. Das Kind könnte den Hund durch Weglaufen, durch mit Schreien verbundenes Hinfallen, durch Kneifen und sogar Beißen derartig reizen, dass er einmal zuschnappt. Auch wenn ihm so ein kleines Wesen den Futternapf wegschleppt, kann der hündische Geduldsfaden reißen. Das sind seltene Vorkommnisse, die man aber nicht auf die leichte Schulter nehmen darf. Deshalb gilt: Ein Erwachsener muss immer dabei sein, wenn Kinder mit Hunden spielen. Vor allem auch, damit der Hund vom Kind nicht unbeabsichtigt gequält wird!

Parasiten

Die klebrigen Eier der Spulwürmer haften am Fell und können beim Schmusen schon einmal über die Hände in den Mund gelangen. Das kann in bestimmten Fällen – etwa bei verringerter Abwehrkraft des Kindes – unter Umständen zu Erkrankungen durch wandernde Spulwurmlarven führen. Die Vorbeugung besteht darin, den Hund regelmäßig einer Wurmkur zu unterziehen.
Wenn einmal ein Floh auf das Kind überspringt, ist das lästig und etwas unappetitlich. Die Eltern sollten also dafür sorgen, dass der Hund mit einem der modernen Mittel regelmäßig entfloht wird. Wenn Sie Ungezieferhalsbänder und -mittel verwenden, achten Sie darauf, dass sie für Kleinkinder ungefährlich sind.

Wichtiger Hinweis: Wenn Hunde die Gelegenheit haben, Mäuse zu fangen und zu verspeisen, könnten sie sich mit dem für den Menschen gefährlichen Fuchsbandwurm *(Echinococcus multilocularis)* infizieren. Im Verdachtsfall lassen Sie eine Kotprobe untersuchen oder gleich eine Bandwurmkur machen.
Der für den Menschen ebenfalls gefährliche kleine Hundebandwurm *(Echinococcus granulosus)* ist sehr selten. Er wird durch rohe Schlachtabfälle übertragen; bei Fertigfutter besteht keine Gefahr.
Zecken auf dem Hund schaden seinem Halter nicht. Wo der Hund war, kann sich aber auch der Mensch Zecken einfangen!

Schwangere und Hunde

Ein besonderes Krankheitsrisiko geht für Schwangere von Hunden nicht aus, denn die Toxoplasmose wird allenfalls vom Kot infizierter Katzen übertragen. Die werdende Mutter sollte sich aber rechtzeitig überlegen, wie der neue Erdenbürger mit dem Hund zusammengebracht werden soll. Das ist normalerweise absolut kein Problem. Es gibt rigorose Rezepte: Der Hund darf unter Aufsicht das Baby ablecken. Da wird manche Mutter wohl mit Recht hygienische Bedenken haben. Man kann dem Hund das Kind aber regelrecht vorstellen und ans Herz legen. Natürlich versteht er keine Worte, wohl aber den Sinn des Gesagten. Er wird das neue Menschenkind als Mitglied der vertrauten Familie betrachten und es in Zukunft bewachen und schützen!

Kinder und Hunde – da entstehen innige Freundschaften zu gegenseitigem Nutzen!

Erkrankungen der Haut

INFO **Die schwarze Haarfarbe ist problematisch, da schon die geringste Gesundheitsstörung ein stumpfes Fell verursacht. Zur Abhilfe kann man gutes Pflanzenöl ins Futter geben.**

Da Körper und Seele auch beim Hund eine Einheit sind, geben Haut und Fell einen zuverlässigen Eindruck von seinem Allgemeinzustand. Es ist nicht damit getan, ein paar Flöhe zu töten, Pickelchen auszudrücken und Vitamin A zu füttern. Das struppige Fell des heimwehkranken Hundes lässt sich mit der teuersten Vitaminkombination nicht glätten, und auch Räudemilben finden dort eine fette Weide. Andererseits aber können einem gut gehaltenen Tier weder Parasiten noch geringfügige Mangelzustände ernsthaft gefährlich werden.

Ekzeme

Ihren Hund juckt es, Haare fallen ihm aus, die Haut ist mit Pickelchen bedeckt und ist vielleicht sogar voller flächenhafter Wunden; Parasiten wurden allerdings nicht festgestellt. Hier liegt ein Ekzem vor. Eine oftmals lästige und langwierige Angelegenheit.

Akute und heftige Ekzeme sind besser zu behandeln als chronische (diskrete). Die Therapie ist selbst für einen Tierarzt

Ständiges Kratzen kann den Hund und seine Halter zur Verzweiflung treiben.

sehr schwierig. Sie muss innerlich und äußerlich durchgeführt werden. Der Besitzer kann sie wirkungsvoll durch eine vielseitige und vitaminreiche Ernährung unterstützen.

Hautjucken

Den Hund juckt es offensichtlich, er kratzt, leckt und beißt. Doch es gibt keine Parasiten, keinen Ohrenzwang und keine sichtbaren Hautveränderungen. Im diesem Falle haben wir es mit Hautjucken ohne feststellbare Ursache, *Pruritus sine materia*, wie der Mediziner sagt, zu tun. Eine reichlich unangenehme Situation für Patient, Besitzer und Tierarzt. Der Hund quält sich jeden Tag, der Besitzer verzweifelt durch das ständige Kratzen und der Tierarzt erntet Undank, wenn seine intensiven Bemühungen erfolglos bleiben.

Zwar gelingt es in den meisten Fällen, das Jucken durch Hormontabletten (Kortikoide) zu beseitigen, die Kratzerei fängt aber nach dem Absetzen der täglichen Gabe häufig wieder an. Zumeist wird es eine Überempfindlichkeitsreaktion (Allergie) sein.

Was hat sich in der Umgebung des Hundes geändert? Neues Futter, ein Ungezieferspray, ein neues Halsband, ein neues Fußbodenpflegemittel? Vieles kann Allergieauslöser sein. Sie müssen selbst die Ursache herausfinden, der Tierarzt kann Ihnen hier nicht viel raten.

Hautjucken ist sicherlich keine lebensbedrohende, aber eine sehr lästige Erkrankung.

WICHTIG

Baden und Waschen ist für Haut und Haar grundsätzlich nicht gut. Lassen Sie groben Schmutz daher trocknen und bürsten Sie ihn aus. Verwenden Sie beim unerlässlichen Reinigungsbad ein rückfettendes Hunde-Shampoo!

Haarlosigkeit

Bei einigen Hunden wie beispielsweise den Mexikanischen Nackthunden ist die Haarlosigkeit (Alopezie) eine erwünschte Erscheinung. Haarlose Stellen bei unseren üblichen Rassen sind natürlich krankhaft. Sie können bei starkem Ungezieferbefall, bei Ekzemen oder bei Thalliumvergiftung auftreten (Thallium ist ein dem Blei ähnliches Metall, das gelegentlich noch zur Bekämpfung von Nagetieren verwendet wird. Es ist sehr giftig und wirkt schon in kleinsten Dosen tödlich).

Symmetrischer Haarausfall auf dem Rücken oder in der Flankengegend kommt bei Hündinnen vor. Er deutet auf eine Hormonstörung hin. Die Behandlung ist schwierig.

Ektoparasiten

INFO Hunde- und Katzenflöhe gehen normalerweise nur vorübergehend auf Menschen!

Von ihren Begegnungen mit Artgenossen bringen Hunde gelegentlich unerwünschte »Gäste« mit, so genannte Ektoparasiten. Sie leben im Gegensatz zu Endoparasiten (Würmern) nicht im Inneren, sondern außen auf dem Tier.

Flöhe

Vermuten Sie bei Ihrem Hund Flohbefall, weil er sich mit Leidenschaft kratzt, dann sollten Sie sorgfältig die Gegend unterhalb der Ohren und an der Halsunterseite untersuchen. Finden Sie hier die flinken Springer, so ist eine strategische Behandlung anzuraten. Die erwachsenen Flöhe tötet man mit Flohhalsbändern, Flohpulver oder einem insektiziden Bad. Moderne Präparate werden dem Hund auf das Nackenfell getropft (Spot-on) oder gesprayt, sie wirken über einen Zeitraum von einigen Wochen hinweg.

TIPP Das bekannte Flohhalsband ist zweckmäßig, wenn man einem Befall vorbeugen will.

Flöhe vermehren sich nicht auf dem Hund, sondern in Ritzen oder auf Teppichboden. Dagegen hilft der Staubsauger mit Fugendüse, spezielle Sprays oder neuerdings ein Präparat, das dem Hund mit dem Futter gegeben wird. Damit unterbricht man den Fortpflanzungszyklus der lästigen Parasiten.

Läuse oder Haarlinge

- Läuse können Hunden durch Blutentzug ernsthaft schaden, wenn sie in großer Zahl auftreten.
- Haarlinge ernähren sich lediglich von Hautschuppen, sind also nur lästig und ein Zeichen für Vernachlässigung.

Läuse oder Haarlinge lassen sich prinzipiell wie Flöhe abtöten. Die Behandlung muss allerdings bei Läusen wiederholt werden, da die meisten Wirkstoffe gegen deren Eier (Nissen; sitzen an den Haaren) ziemlich wenig ausrichten. Glücklicherweise sind Läuse heute bei gepflegten Hunden selten geworden, man findet sie überwiegend bei Herumtreibern in Tierheimen.

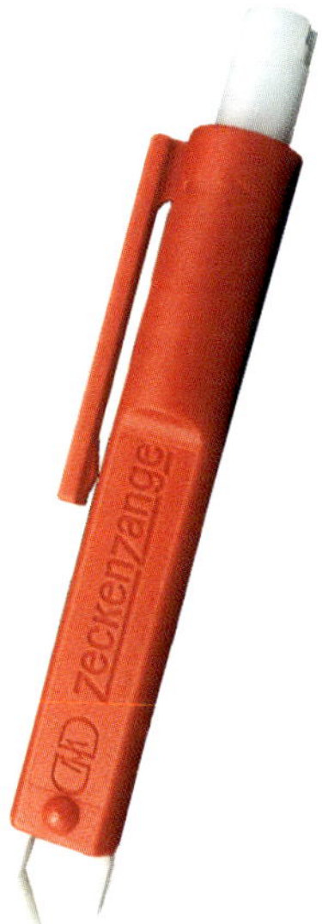

Zeckenzange

Räude

Räude wird durch Milben verursacht, die in der Haut leben. Wird das Tier gut gepflegt, gut ernährt und ist es gesund, so schiebt die sich erneuernde Haut die ungebetenen Gäste förmlich hinaus. Bei Verwahrlosung oder nachlässiger Pflege können sich Milben aber gut entwickeln und werden dann schnell zu einer ernsten Bedrohung.

Juckreiz ist ein Räudezeichen. Der Reiz kann auch wenig ausgeprägt sein. Wenn die Haare an den Augen etwas dünn werden und wenn an den Ohrrändern, den Innenseiten der Beine oder an anderen Stellen die Haut schuppt und juckt, sollten Sie an Räude denken. Gewissheit bringt allerdings allein der tierärztliche Milbennachweis.

Zwei Milbenarten haben beim Hund besondere Bedeutung:

- Die **Haarbalgmilbe** *(Demodex)* sitzt in Haarbälgen, meist um die Schnauze oder die Augen herum. Die durch diese Milbe hervorgerufene Räudeart verläuft schleppend, juckt praktisch nicht und führt nur selten zu ernsten Erkrankungen, lässt sich aber schwer bekämpfen.
- **Grabmilben** *(Sarcoptes)* können bei schlechter Ernährung oder bei zusätzlichen Erkrankungen schnell zu ernsten, ausgebreiteten Räudeekzemen führen, die stark jucken.

WICHTIG

Die Diagnose Milbenbefall muss der Tierarzt stellen (durch Nachweis von Milben im Mikroskop oder eine Blutuntersuchung). Dann erhalten Sie ein auf die jeweilige Milbenart ausgerichtetes Präparat, das nach Anweisung mehrfach anzuwenden ist, denn ein Milbenbefall kann sehr hartnäckig sein.

Zecken

Von einem sommerlichen Spaziergang heimgekommen, entdecken Sie vielleicht zufällig im Fell stecknadelkopf- bis erbsengroße Gebilde, die irgendwie eklig aussehen: Zecken. Die bei uns am häufigsten vorkommende Zeckenart ist der so genannte Holzbock. Er lässt sich aus Büschen, Hecken oder hohem Gras auf vorbeikommende Warmblüter fallen. Anschließend bohrt er sich mit dem Rüssel in die Haut und saugt Blut, wobei sein Hinterleib anschwillt.

Da Zecken Krankheiten übertragen können, das Tier peinigen und Blut saugen, müssen sie entfernt werden. Das geschieht am besten mit den Fingern oder mit speziellen Zeckenzangen (siehe Abb. Seite 54).

Aus wärmeren Ländern wurde die braune Hundezecke eingeschleppt, die sich auch in Wohnungen festsetzen kann.

Checkliste Flohbekämpfung

- Am Tier: Präparate zum Einstäuben, Sprayen, Baden oder Auftropfen (Spot-on) anwenden, Spezialpräparat ins Hundefutter, Flohhalsband zur Vorbeugung
- Am Boden: mit Staubsauger (Fugendüse) gründlich saugen, spezielle Sprays einsetzen, Hundedecken waschen

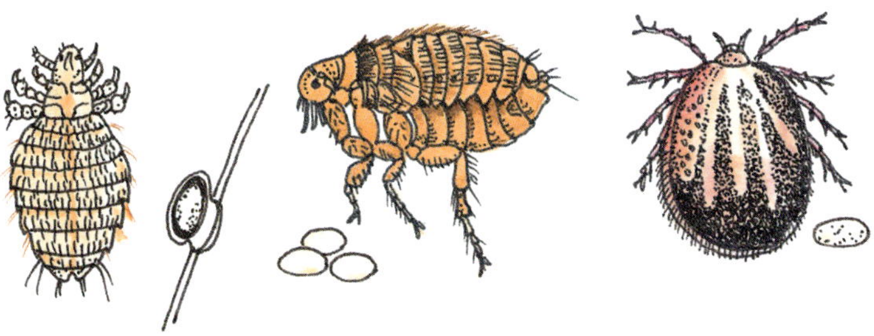

Von links nach rechts: Laus mit Nissen, Floh mit Eiern, Zecke mit Ei

Erkrankungen im Kopfbereich

ACHTUNG
Treten die Symptome Bindehautentzündung, Fieber und gestörtes Allgemeinbefinden zugleich auf, dann suchen Sie unbedingt innerhalb von 24 Stunden Ihren Tierarzt auf! Auf jeden Fall liegt eine behandlungsbedürftige Infektion vor.

Der Kopf wird bei jedem Tier naturgemäß besonders beachtet. Der Hund besitzt sehr ausdrucksvolle Augen, die gespitzten Ohren signalisieren Aufmerksamkeit und die feuchte schwarze Nase ist ein bekanntes Gesundheitszeichen. Daher werden Erkrankungen im Kopfbereich kaum einmal übersehen.

Krankheiten der Augen

Der Hund orientiert sich zwar vorwiegend mithilfe seines hoch entwickelten Geruchssinns. An seinen Augen können wir aber seinen Gemüts- und Gesundheitszustand ablesen.

Bindehautentzündung

Sind die Augen des Tieres über Nacht rot geworden, tränen sie und werden meist zugekniffen, so liegt eine Bindehautentzündung vor. Guter Appetit, kein Fieber und normales Verhalten lassen auf leichten Verlauf schließen. Der Hund hat wahrscheinlich Zugluft abbekommen. Auch in behaglichen Wohnungen und Häusern herrscht in »Hundehöhe« oft ziemlich starker Zug und gerade da legen sich die Hunde gern hin. Sie wollen auf diese Weise wohl Geruchseindrücke von außen aufnehmen.

Hinausschieben kann man den Eintritt des grauen Stars durch Präparate, die den Alterungsprozess allgemein verzögern.

Eitrige Bindehautentzündung

Sie ist am eitrigen Sekret zu erkennen, das aus dem Auge fließt. Die Augentropfen oder die Salbe sollen ein Antibiotikum enthalten. Die Salbe wirkt etwas länger, Tropfen sind leichter anzuwenden. Sie können normalerweise nach 2 bis 3 Tagen eine Besserung beobachten.

Star

Ältere Hunde neigen zum grauen Star, einer Eintrübung der Linse, zuweilen auch des Glaskörpers, zu erkennen an einem milchigen Schimmer in den Augen. Die Erkrankung belastet sie aber wenig, denn sie orientieren sich in erster Linie über den Geruchssinn, auch die Tasthaare an der Schnauze helfen mit. Eine Staroperation ist in Spezialkliniken möglich, sollte aber nur bei starker Trübung und bei relativ jungen Tieren durchgeführt werden.

Fremdkörper im Auge

Eine einseitige Bindehautentzündung kann immer auch durch einen Fremdkörper verursacht sein. Spreizen Sie die Lider vorsichtig weg und entfernen Sie ihn mit einem Wattestäbchen.

Klappt das nicht, gehen Sie zum Tierarzt, denn die Entzündung verschlimmert sich mit jedem missglückten Versuch.

Die unkomplizierte Bindehautentzündung ist nicht schwer zu behandeln. Das angetrocknete Sekret im Lidwinkel tupfen Sie mit lauwarmer Kamillenlösung ab. Dann geben Sie am besten reizlindernde Tropfen ins Auge.

Ein Problem sind bei hellen Hunden (speziell bei Pudeln) die dunklen Sekretbahnen, die sich vom Lidwinkel herunterziehen. Der Tierarzt wird ganz vorsichtig mit einem in Wasserstoffsuperoxid getauchten Wattestäbchen versuchen, die dunklen Haare anzufeuchten und sie so aufzuhellen.

Trockene Hornhaut

Diese Spezialform der Bindehautentzündung *(Keratokonjunktivitis sicca)* ist selten, kommt aber vor. Aus unbekannten Gründen versiegt dabei der Tränenfluss, das Auge wird trocken und entzündet sich. Eine Behandlung ist durch Einträufeln künstlicher Tränenflüssigkeit möglich. Alternativ bietet sich eine komplizierte Operation an.

Lideinrollung

Kneift der Hund die Augen ständig zu und sind die Lider eitrig verschmiert, besteht starker Verdacht auf Lideinrollung nach innen *(Entropium)*. In der Regel erleidet das Tier dabei Höllenqualen. Nur eine kleine Operation kann rasch Abhilfe schaffen. Einige Rassen wie Bassets und Bernhardiner neigen zum Abklappen der Lider nach außen *(Ektropium)*. Das gibt dem Hund ein melancholisches Aussehen und führt zu chronischer Bindehautentzündung. Die Operation bringt hier leider nicht immer den gewünschten Erfolg. Wenn es daher zu ertragen ist, rate ich nur zu einer gelegentlichen Tropfenbehandlung. Ich bitte die Züchter dringend, Tiere mit Ektropium von der Zucht auszuschließen.

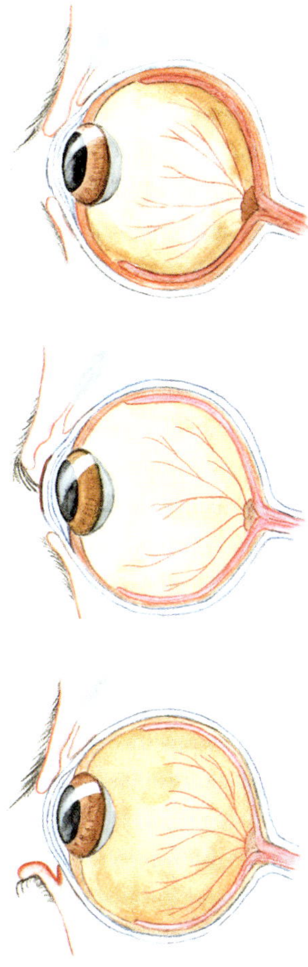

Die Schnittbilder zeigen ein gesundes Auge (Abb. oben), eines mit Lideinrollung (Entropium; Abb. Mitte) und eines mit abgeklapptem Lid (Ektropium; Abb. unten).

Krankheiten der Ohren

Da der Hund sich außer über die Nase wesentlich über sein Gehör orientiert, beeinträchtigen ihn Erkrankungen der Ohren besonders. Schaffen Sie daher stets möglichst rasch Abhilfe.

WICHTIG
Die Entfernung von Fremdkörpern aus dem Ohr ist Sache des Tierarztes und Sie sollten ihn sofort aufsuchen. Der Hund quält sich sonst und außerdem wird die Behandlung später immer schwieriger.

Fremdkörper im Gehörgang

Große Lust bedeutet es für einen Hund, wenn er in einer sommerlichen Wiese so richtig stöbern kann. Doch leicht kann dabei ein Fremdkörper, wie eine Granne der Mäusegerste oder Ähnliches, in den Gehörgang gelangen. Sie erkennen das daran, dass der Hund jault, den Kopf schief hält und ihn heftig schüttelt. Durch Kopf- und Ohrbewegungen wandert die Granne in die Tiefe. Das verursacht im Gehörgang heftige Schmerzen, die unerträglich werden, wenn das Trommelfell erreicht ist. Die Symptome sind die gleichen wie bei einem Schlaganfall.

Wie kann man vorbeugen? Am größten ist die Gefahr im Sommer oder Herbst, wenn die Mäusegerste an jedem Wegrand steht. Einige Hunde, meist langohrige, scheinen die Grannen magisch anzuziehen. Untersuchen Sie die Ohrmuschel daher schon während des Spaziergangs mehrmals, die Grannen wandern nämlich erst langsam in die Tiefe. Anfangs sind sie noch leicht zu entfernen.

WICHTIG
Teilen Sie es dem Tierarzt mit, wenn der Hund oft mit Katzen zusammenkommt. Er wird dann besonders auf Gehörgangsmilben achten.

Ohrenzwang *(Otitis externa)*

Ihr Hund kratzt sich gelegentlich am Ohr, hält den Kopf auch etwas schief und riecht unangenehm aus dem Gehörgang? Dann hat er eine häufige und sehr unangenehme Hundekrankheit, den Ohrenzwang. Dies ist eine chronische Entzündung des äußeren Ohres, die dadurch verursacht wird, dass der Gehörgang des Hundes geknickt verläuft. Schmutz und verhärtetes Ohrenschmalz, die sich angesammelt haben, gelangen kaum wieder nach außen. In dieser Umgebung gedeihen Bakterien, Pilze oder auch Milben – und der Ohrenzwang ist da.

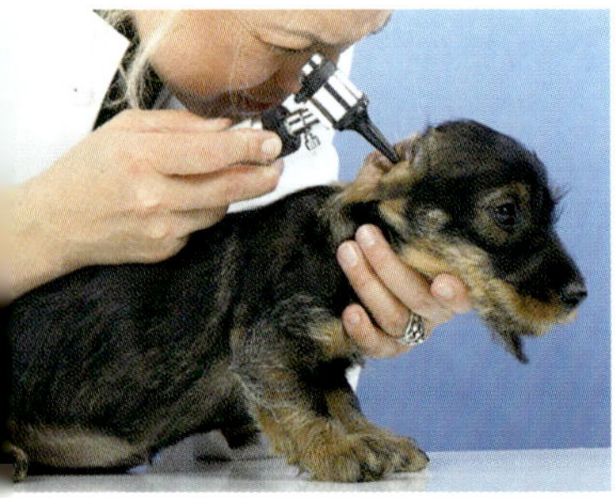

Nur ein Blick bis zum Trommelfell bringt Klarheit über Ohrenkrankheiten

Ein Tierarzt sollte das Ohr untersuchen und unter Sichtkontrolle gründlich säubern. Damit ist viel geholfen, die Krankheit aber keinesfalls besiegt.

Verschiedene Firmen stellen Ohrreinigungsmittel her, die Alkohol, ein Desinfektionsmittel, rückfettende Substanzen und Duftstoffe enthalten. Davon spritzen oder gießen Sie reichlich in den Gehörgang, bis er richtig voll ist, halten den Hund gut fest und massieren von außen. Dadurch löst sich der Schmutz. Erst nach der Massage lassen Sie den Hund los. Er wird dann kräftig den Kopf schütteln, dabei spritzt die Flüssigkeit umher! Deshalb führen Sie eine solche Behandlung am besten im Freien durch. Wenn er beim Massieren mit den Hinterbeinen kratzt, ist das ein Zeichen von Wohlbefinden!

Bei eitrigem Ohrenzwang, Polypen im Gehörgang und Geschwüren muss der Tierarzt gezielt behandeln. Polypen werden operativ entfernt, in anderen Fällen wird nach gründlicher Reinigung ein entsprechendes Präparat verschrieben.

Erst wenn der akute Prozess abgeheilt ist, können Ihre Pflegemaßnahmen wieder einsetzen.

Leider kommt es ab und zu vor, dass keinerlei Behandlung nützt. Dann hilft nur eine Operation. Sie beseitigt die eigentliche Ursache: der Gehörgang wird breit eröffnet. Das erleichtert die Behandlung und verschafft bald Besserung.

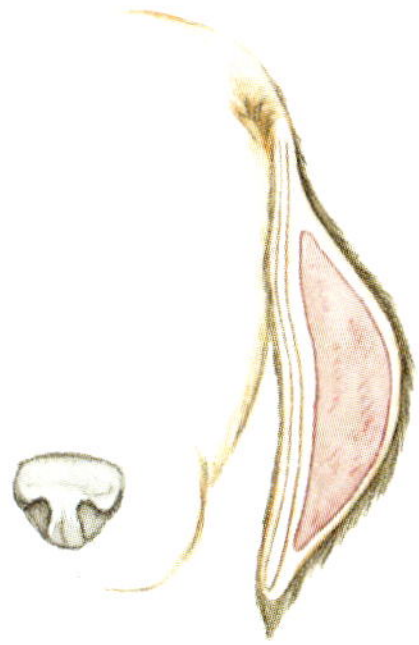

Wenn sich ein Bluterguss zwischen Ohrknorpel und lockere Haut drängt, spricht man von einem Blutohr.

Blutohr *(Othämatom)*

Plötzlich ist eine Ohrmuschel ganz dick geworden, sie wirkt wie mit Flüssigkeit angefüllt. Das kommt besonders bei langohrigen Rassen vor, nach einer kleinen Rauferei oder durch Anschlagen beim Kopfschütteln. Ursache ist häufig ein Bluterguss. Er entsteht durch die Verletzung eines Blutgefässes am Ohr, wobei die äußere Haut intakt bleibt. Das ist nicht direkt gefährlich, wohl aber sehr unangenehm. Ohne Behandlung wird aus der Ohrmuschel nach Wochen ein schrumpeliges Gebilde.

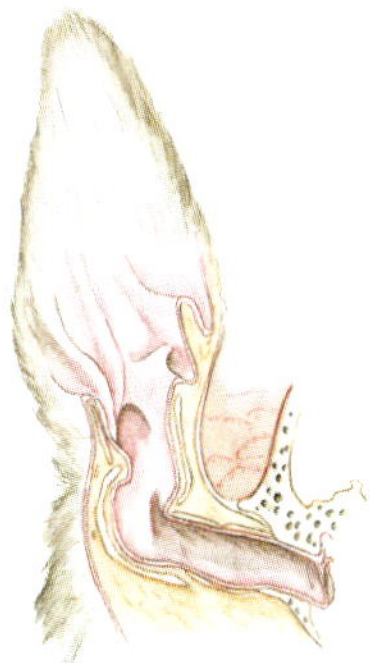

Der Gehörgang des Hundes ist lang und geknickt, was Entzündungen Vorschub leistet.

Wichtig ist hier, dass Sie frühestens 1 Woche nach der Entdeckung des Blutohrs zum Tierarzt gehen, denn die Blutung muss bereits zum Stillstand gekommen sein. Abhilfe schafft eine kleine Operation, mit Naht und straffem Verband.
Das Ohrenkupieren ist seit einiger Zeit gesetzlich verboten. Dadurch sieht man bei Hunderassen Hängeohren, die früher Stehohren hatten – Boxer, Doggen und andere. Die Halter dieser Hunde müssen nun auch vermehrt auf Ohrenzwang, Blutohren und Ohrmuschelverletzungen achten. Die gewissen Nachteile des Hängeohrs werden durch den Wegfall des Kupierens aber mehr als aufgewogen.

WICHTIG

Die Ohrreinigung wiederholen Sie nach tierärztlicher Anweisung ein- bis zweimal in der Woche, bis die unkomplizierte Otitis ausgeheilt ist.

Erkrankungen der Maulhöhle

TIPP **Als vorbeugende Maßnahme hilft nur Zähneputzen oder die Gabe von zahnpflegenden Kaustreifen mit Enzymen. Es gibt spezielle Hunde-Zahnpasta und weiche Hunde-Zahnbürsten, mit denen Sie die Zähne Ihres Vierbeiners pflegen können.**

Riecht Ihr Hund unangenehm aus seinem Maul, so ist eine Untersuchung empfehlenswert. Ziehen Sie dem Tier zunächst einmal die Lefzen hoch und betrachten Sie die Zähne.

Zahnstein

Praktisch jeder Hund, der über 3 bis 4 Jahre alt ist, wird Zahnstein aufweisen. Das ist nicht schlimm. Verdecken allerdings dicke Krusten bereits die Zahnkonturen, so muss der Belag vom Tierarzt entfernt werden. Denn außer für Maulgeruch ist er besonders häufig die Ursache für Zahnfleischschwund sowie für lockere Zähne.

Wackelzähne

Sitzen die Zähne nicht mehr fest, so verursachen sie nicht nur Schmerzen, sondern auch einen unangenehmen Geruch. Sie müssen schnellstens gezogen werden, was rasch und fast schmerzlos geschieht.

WICHTIG

Per Zufall werden Sie möglicherweise Geschwülste (s. Zeichnung Seite 85) am Zahnfleisch entdecken. Wenn sie beim Fressen stören, sollten sie operativ entfernt werden. Das ist nicht sonderlich schwierig. Lassen Sie bei einer solchen Gelegenheit aber immer prüfen, ob nichts Bösartiges vorliegt.

Zahnfrakturen

Nicht selten werden Sie feststellen, dass einige Zähne an- oder abgebrochen sind. Man spricht dann medizinisch von Zahnfraktur.

Ist die Wurzelhöhle geöffnet, so bereitet dem Hund jedes Zupacken Schmerzen. Die Behandlung gehört in die Hand des Tierarztes, der sich auf Wurzelbehandlung und Plombieren versteht, sofern der Zahn nicht gezogen werden muss.

Zahnfistel

Unterhalb des Auges sieht man gelegentlich eine starke Schwellung. Sie wird ohne Behandlung nach einiger Zeit aufbrechen und hartnäckig Eiter absondern. Mit ziemlicher Sicherheit handelt es sich hier um eine Zahnfistel. Der die Fistel verursachende Zahn muss unbedingt gezogen werden, was nicht einfach ist, da er sehr fest sitzen kann.

Persistierender Milchzahn

In der oberen Zahnreihe sehen Sie neben dem großen Reißzahn noch einen dünnen parallel liegen? Das ist dann ein, wie die Mediziner sagen, persistierender Milchzahn. Eine unangenehme Sache, denn hier setzen sich Speisereste fest. Das Zahnfleisch entzündet sich, was wiederum üblen Geruch verursacht.

Geben Sie Ihrem Hund einen festen Socken oder besser ein Putztuch für Reiß- und Beißspiele. Halten Sie das Stoffende gut fest oder binden Sie es irgendwo an, damit der Hund richtig zerren kann und seinen überflüssigen Zahn auf diese Weise hoffentlich verliert. Bleibt der Milchzahn trotzdem sitzen, muss ihn der Tierarzt ziehen.

Wichtig

Geschwüre (s. Zeichnung Seite 85) am Zahnfleisch verbreiten aashaften Geruch und können durch schlechte Zähne verursacht werden. Pudel leiden übrigens besonders häufig daran. Da Zahnfleischgeschwüre möglicherweise erste Anzeichen für eine andere Erkrankung sein können, müssen Sie Ihren Hund unbedingt zum Tierarzt bringen. Nur er kann eine sichere Diagnose stellen.

Zahnfleischentzündung

Wie sieht das Zahnfleisch eigentlich aus? Dunkelrot und leicht blutend?, dann müssen Sie örtlich behandeln. Ein paar Tropfen Myrrhentinktur – die gibt es in jeder Apotheke zu kaufen – auf den Zeigefinger geben und das Zahnfleisch sanft massieren.

Die Massage, an die sich Ihr Vierbeiner schnell gewöhnen wird, muss bis zur Heilung zwei- bis dreimal in der Woche durchgeführt werden. Zusätzlich sollten Sie eines der handelsüblichen Vitamin-C-Präparate geben.

So kann man auf einfache Weise kontrollieren, ob Gebiss und Zahnfleisch noch sauber und gesund sind.

Fremdkörper in der Maulhöhle

Der Hund frisst plötzlich überhaupt nicht mehr, kratzt sich an der Schnauze, kann offenbar nicht schlucken und wirkt völlig verstört? Dann hat sich vermutlich ein Fremdkörper in der Maulhöhle festgekeilt. Meist ist es ein Knochen, es können aber auch Zweigstücke oder Steine sein.

Wenn Sie sich trauen, versuchen Sie den Fremdkörper mit den Fingern zu entfernen. Wenn nicht, schafft es der Tierarzt sicher mit einer soliden Zange.

TIPP **Die Zunge ist ein besseres Gesundheitszeichen als die in dieser Beziehung überschätzte Nase. Die Zunge soll schön rosa, glatt und feucht sein. Abweichende Farbe – zu blass –, Beläge oder Geschwüre sind ein Grund für den Besuch beim Tierarzt.**

Zungenabschnürung

Wenn Sie Anzeichen feststellen wie beim Fremdkörper beschrieben, sollten Sie auch die Zunge betrachten. Sie ist – außer beim Chow-Chow und Eurasier – blassrosa, glatt und beweglich. Bei dunkelroter Verfärbung und starker Schwellung kann eventuell eine Zungenabschnürung vorliegen. Hat der Hund etwa Lunge zu fressen bekommen? Dann besteht der Verdacht, dass ein Knorpelring der Luftröhre sich über die Zunge geschoben hat. Mit Fadenschlingen vom Nähtisch passiert das auch. Sie sollten schnell den Tierarzt aufsuchen!

Lefzenekzem

Die Zähne erscheinen gesund, das Zahnfleisch normal, trotzdem strömt unangenehmer Geruch aus der Maulhöhle: Sehen Sie sich die Lefzen genau an. Diese Hautfalten, besonders ausgeprägt bei Boxern, Bernhardinern und ähnlichen Rassen, können sich entzünden.

Die Zungenabschnürung ist keinesfalls immer so deutlich sichtbar.

Das kann manchmal zu einem Lefzenekzem führen, das sich als sehr unangenehm erweist, weil man es nur schwer behandeln kann. Allerdings hat der Tierarzt spezielle Haftsalben und eine zusätzliche Allgemeinbehandlung wird den Entzündungszustand lindern. Aber all dies ist leider recht langwierig. Zuweilen ist eine Operation angebracht.

INFO **Es ist eine Mär, dass Hunde auf der Zunge schwitzen! Beim Hecheln kühlt sich die vom Speichel – nicht Schweiß – feuchte Zunge ab und reguliert den Wärmehaushalt.**

Erkrankungen der Maulhöhle

Erkrankung	Behandlung
Zahnstein	Entfernung (Tierarzt) Vorbeugung: Zähneputzen, Kaubüffelhaut
Wackelzähne	Ziehen (Tierarzt)
Zahnfrakturen, Zahnschäden	Wurzelbehandlung, Plombieren (Tierarzt)
Zahnfistel	Ziehen des erkrankten Zahnes (Tierarzt)
Milchzahn, persistierender	Ziehen (Tierarzt)
Zahnfleischentzündung	Massage mit Myrrhentinktur, Vitamin-C-Gaben
Geschwüre – Verdacht auf Allgemeininfektion	Tierarztbesuch
Geschwülste	operative Entfernung (Tierarzt)
Fremdkörper	Entfernung – zuweilen schwierig!
Zungenabschnürung	Beseitigung durch Tierarzt
Lefzenekzem	Haftsalben, Operation (Tierarzt)
starker Geruch	Chlorophyllpräparate

Hecheln ist für den Hund lebenswichtig. Er reguliert dadurch seinen Wärmehaushalt.

Atmungsapparat

WICHTIG
Nehmen Sie bei der Eigenbehandlung der Bronchitis mit Medikamenten nur Präparate, die ausschließlich schleimlösende Stoffe enthalten *(Sekretolytika, Expektorantia)*. Vermeiden Sie Antibiotika beziehungsweise Sulfonamide sowie Hustenmittel mit ätherischen Ölen.

Auch Hunde können sich erkälten. Im Vordergrund steht dabei der Husten. Davon gibt es verschiedene Arten, die sich bei genauem Hinhören ganz gut unterscheiden lassen.

Kehlkopfentzündung

Als Folge einer Erkältung bleibt häufig eine Kehlkopfentzündung zurück. Ihr Verlauf kann langwierig sein. Zudem nervt das ständige scharfe Husten, gelegentlich bis zum Erbrechen, die ganze Familie. Im Regelfall wird das Allgemeinbefinden aber kaum beeinträchtigt.

Behandlungserfolge stellen sich nur zögernd ein, manchmal erst bei einem Witterungsumschwung. Der Tierarzt wird schleimlösende, den Hustenreiz dämpfende Mittel verabreichen. Auch eine Inhalation wäre sehr nützlich.

Bronchitis

Kürzere, rasselnd-dumpfe Hustenstöße, die das Tier nicht sonderlich beeindrucken, sind kein Anlass zur Besorgnis. Damit werden die Atemwege von zähem Schleim gereinigt, wobei der Hund ihn normalerweise nicht ausspuckt, sondern hinunterschluckt. Alles spricht für eine leichte Bronchitis.

Ist das Tier noch munter, hat es Appetit, und steigt seine Körpertemperatur nur bis höchstens 39 °C an, so können Sie eine Behandlung ohne Tierarzt wagen. Der Patient muss warm gehalten werden. Honig in Milch schmeckt ihm gut und löst den Schleim.

ACHTUNG
Bei jeder Verschlimmerung des Krankheitsbildes der Bronchitis sollten Sie sofort zum Tierarzt gehen, da immer Staupeverdacht besteht.

Zwingerhusten

Werden mehrere Tiere zusammen im Zwinger gehalten, grassiert nicht selten die unangenehme spezifische Infektion Zwingerhusten (englisch: Kennel cough). Besonders Jungtiere beim Züchter sind betroffen. Hausmittel helfen kaum, führen oft zu einer Verschleppung, sogar eine Lungenentzündung kann die Folge sein. Wenn der Tierarzt einen Behandlungsplan aufstellt, sprechen Sie mit ihm auch über die Schutzimpfung.

Lungenentzündung

Die Symptome dieser schweren und sehr gefürchteten Erkrankung sind heftige und schnelle Atembewegungen, bei denen der Hund die Backen aufbläst, und hohes Fieber. Bitte keine Selbstbehandlung probieren! Es kommt sehr darauf an, keine Zeit zu verlieren und sofort die gezielte Behandlung durch den Tierarzt einsetzen zu lassen! Gute Pflege, zum Beispiel warme Umgebung, gehaltvolles Futter und liebevolle Zuwendung sind für die Heilung aber ebenfalls unerlässlich. Der Heilungsprozess erfordert viel Geduld.

TIPP **Sitzt der Hustenreiz im Kehlkopf, so kann man ihn durch ein schnelles Drücken desselben gezielt auslösen. Damit unterscheidet sich die Kehlkopfentzündung von der Bronchitis/Lungenentzündung.**

Fremdkörper in Nase oder Kehlkopf

Ganz selten kann hartnäckiges Niesen oder Husten durch Fremdkörper wie Unkrautgrannen oder kleine Zweige in Nase oder Kehlkopf beziehungsweise Luftröhre ausgelöst werden. Ein Verdacht auf Fremdkörper ist immer angebracht, wenn die Erscheinungen sehr plötzlich und heftig auftreten und nur ein Nasenloch Ausfluss zeigt. Abhilfe schafft natürlich nur die Entfernung des Fremdkörpers durch den Tierarzt mit Spezialinstrumenten unter Sichtkontrolle.

WICHTIG
Bei allen leichten Erkrankungsformen des Atmungsapparates soll der Hund nicht daheim liegen bleiben. Leichte Bewegung tut ihm gut!

Bei einer solchen Gelegenheit kann sich nicht nur das Herrchen, sondern auch sein Hund erkälten.

Verdauungstrakt

Der Verdauungstrakt des Hundes ist im Gegensatz zu Pflanzenessern relativ kurz. Er zeichnet sich durch schnelle Reaktionen – Erbrechen oder Durchfall – aus. Speziell das Erbrechen ist für den Hund wenig belastend.

Durchfall

Dünner, häufig abgesetzter Stuhl ist keine Krankheit, sondern ein Krankheitszeichen. Es ist daher wichtig, die Ursache zu beseitigen. Wenn der Hund über 38,5 °C Temperatur hat, nicht mehr frisst und stark abgeschlagen wirkt, müssen Sie unbedingt sofort den Tierarzt aufsuchen.

Lebensmittel, die abführend wirken können
- rohe Leber
- rohes Fleisch
- Milch
- rohes Ei (keineswegs so gesund, wie immer angenommen)
- sehr fettes Essen
- pflanzliche Rohkost

Neurose

Hat ein sonst wohlerzogener Hund plötzlich die Wohnung verunreinigt, benimmt sich dabei aber putzmunter, liegt der Gedanke nahe, dass es sich um eine Neurose handelt. Es kommen mehrere Ursachen infrage:
- Hat sich in Ihrer Familie etwas verändert, ist vielleicht ein Baby gekommen oder jemand auf längere Zeit bei Ihnen zu Besuch?
- Wurde die Schlafstelle verlegt?
- Haben Sie die Fütterungszeit geändert?
- Wurde das Tier längere Zeit allein gelassen?

Um Abhilfe zu schaffen, können Sie natürlich nicht den Gast verjagen, andere Dinge lassen sich aber vielleicht ändern. Im Wesentlichen genügt es, dem Hund größere Beachtung zu schenken und mit ihm nur zu schimpfen, wenn er gerade sein Geschäftchen an unerwünschter Stelle macht.

Fütterungsfehler

Sie sind häufig Ursache plötzlichen Durchfalls. Zu ihrer Beseitigung gibt es kaum allgemeine Regeln. Ein bestimmtes Futter führt bei dem einen Hund ab, während ein anderer es gut verträgt. Wenn Sie erst vor kurzer Zeit die Fütterung verändert haben, sollten Sie dem Hund wieder sein gewohntes Fressen geben. Oft wird dadurch bereits ein Heilungseffekt erzielt.

Ein altes Hausarztrezept bei Durchfall: Cola mit Salzstangen. Das wirkt auch bei Hunden.

Würmer

Finden sich im flüssigen Kot Würmer, ist sofort eine Wurmkur erforderlich, die zwar zunächst den Durchfall vorübergehend noch verstärken kann, letztlich aber völlige Heilung bringt.

Hartnäckiger Durchfall

Leidet der Hund schon seit einigen Tagen ohne ersichtlichen Grund an Durchfall, muss etwas geschehen. Denn das Tier ist zwar munter, wird aber langsam schlapp. Völliges Fasten wäre für den Hund gut, das bringen Sie aber nicht übers Herz. Kochen Sie ihm mit Fleischextrakt gewürzten Haferschleim, denn Salz ist jetzt besonders wichtig. Bieten Sie dem Hund täglich vier gut gewärmte Miniportionen dieses Haferschleims an, der sich übrigens im Kühlschrank einige Tage hält. Auch wenn er nicht frisst, müssen Sie mindestens 3 volle Tage durchhalten. Er wird bald an der Mahlzeit schnuppern und dann zu fressen beginnen. Füttern Sie ihn damit zuerst satt, zwingen Sie ihn aber nicht zur Nahrungsaufnahme.
Als Getränk sollte er viel schwarzen Tee und daneben Wasser zur Verfügung haben.

TIPP

Hervorragend wirken Mittel, die krampflösende und schmerzlindernde Eigenschaften besitzen. Es gibt sie beim Tierarzt als Dragées oder als Zäpfchen; in schweren Fällen wird er dem Hund eine Injektion verabreichen.

Verstopfung

Als gewissenhafter Hundebesitzer werden Sie darauf achten, wie das große Geschäft Ihres Schützlings beschaffen ist. Es sollen geformte Würstchen sein, die vom Tier ohne Mühe abgesetzt werden. Presst es heftig und fallen dann harte Brocken heraus, kündigt sich eine Verstopfung an. Ursachen dafür können sein:

- Der Hund hat sehr viele weiche Knochen gefuttert.
- Das Fressen war zu trocken und er hat zu wenig getrunken.

Bei Verstopfung wirken abführend:

- Dosenfutter
- rohes Fleisch
- rohe Leber
- rohes Ei
- bei einigen Hunden auch Milch und Milchprodukte
- Pflanzenöl (kein Rizinus!)

Wenn der Stuhlgang überhaupt noch klappt, sollten Sie weder Abführmittel geben noch einen Einlauf machen. War die Ernährung die Ursache, muss der Fehler auch über das Futter korrigiert werden.

Hartnäckige Verstopfung *(Koprostase)*

Leider sammelt sich nicht allzu selten harter, bröckeliger Kot im Mastdarm an. Die Ursache ist fast immer die Verfütterung von Knochen. Zu erkennen ist die Koprostase zunächst daran, dass sich das Tier mehrfach zum Kotabsatz hinhockt, trotz heftigen und schmerzhaften Pressens aber nichts zuwege bringt.

Zum Abführen dürfen Sie keine Präparate eingeben! Besser ist ein Glyzerinklistier, das Sie in jeder Apotheke erhalten (am besten ein für Babys geeignetes verlangen). Die harte Masse wird angeweicht und danach lösen sich hoffentlich nach einiger Zeit die ersten Bröckchen.

Diesen Einlauf können Sie pro Tag etwa drei- bis viermal wiederholen. Wenn der Erfolg ausbleibt, muss der Tierarzt helfen, zu dem man am besten gleich geht, wenn einem die ganze Prozedur unangenehm ist.

Prostataleiden

Wenn ältere Hunde häufig Verstopfung haben, sollte man ein Prostataleiden in Betracht ziehen. Die normal walnussgroße Vorsteherdrüse (Prostata) kann dabei bis zur Größe eines Apfels anwachsen und drückt dann auf den Darm. Eine Röntgenuntersuchung sorgt für Klarheit.

Abhilfe schafft eine Hormonbehandlung oder die Kastration. Die Aussichten auf Heilung sind recht gut.

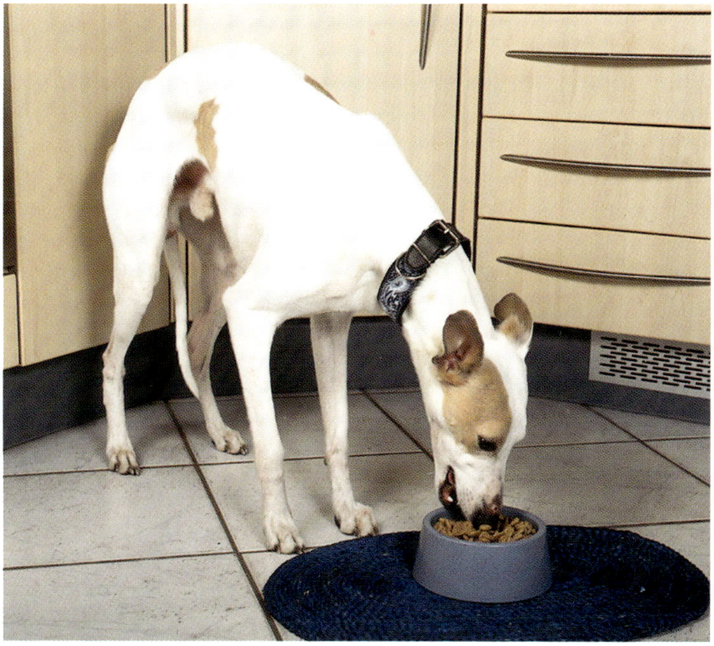

Trockenfutter ist hochwertig und gesund. Bei zu hartem Stuhlgang sollten Sie aber auf Dosenfutter übergehen.

Analdrüsenentzündung

Durch chronische Verstopfung wird der After gereizt. Die Öffnungen der beiden erbsengroßen Analdrüsen (beiderseits des Afters) schwellen dann zu, der Inhalt staut sich. Es kommt zur Analdrüsenentzündung, eine Qual für den Hund. Er leckt sich andauernd am After und rutscht auf dem Popo umher, was man auch »Schlittenfahren« nennt (es kann auch ein Zeichen für Wurmbefall sein – s. Seite 72 f.).

Um Abhilfe zu schaffen, muss der Tierarzt die Drüsen ausdrücken; der Inhalt ist übel riechend. Dann füllt er mit einer Spezialspritze ein entzündungshemmendes Präparat in den leeren Drüsenraum.

Achtung

Bei einer Analdrüsenentzündung kommt es leider oft zu einem Rückfall. Sie können ihn allerdings zu vermeiden versuchen, wenn der Kot durch entsprechende Ernährung immer weich gehalten wird.

Afterverklebung

Ein langhaariger und ungepflegter Hund kann trotz heftigen Pressens keinen Kot absetzen: Die Ursache kann eine Afterverklebung sein. Die Haare sind dann mit eingetrocknetem Kot so verfilzt und verklebt, dass keine Entleerung mehr möglich ist. Die Entfernung der verklebten Masse ist eine scheußliche, aber unerlässliche Prozedur.

Beim Gassigehen soll der Hund sich austoben, doch auch seinen Kot und Urin absetzen.

Erbrechen

Hunde erbrechen generell sehr leicht. Bei gelegentlichem Erbrechen allein besteht daher noch keinerlei Grund zur Aufregung.

Neurose

Es kommt zuweilen vor, dass wohlerzogene und offensichtlich vollkommen gesunde Tiere plötzlich durch Erbrechen oder auch durch Durchfall die Wohnung verunreinigen. Wenn Sie sich überzeugt haben, dass tatsächlich keine Krankheit vorliegt – kein Fieber, guter Appetit, Munterkeit – kann man eine Neurose vermuten. Sie kommt häufiger vor, als man glaubt (s. Seite 66).

Magenschleimhautentzündung *(Gastritis)*

Heftige Beschwerden hat der Hund, wenn die Magenwände so gereizt wurden, dass eine Gastritis entsteht. Das geschieht zum Beispiel, wenn Hunde den ersten Schnee gierig auflecken (Schneegastritis).

Bei häufigerem Erbrechen entsteht ein Teufelskreis: Der Körper gibt durch den Verlust der Magensäure viel Salz ab, was wiederum zu weiterem Brechreiz führt.

Sie können eines der Zäpfchen verabreichen, die man beim Menschen gegen Reisekrankheit gibt. Wenn der Erfolg ausbleibt, muss der Tierarzt helfen.

Bei älteren Tieren sollte man 1 Tag abwarten, ob eine Besserung eintritt; bei Hunden, die jünger sind als 6 Monate, wird die Situation schnell bedrohlich.

WICHTIG

Versäumen Sie bei einem Darmverschluss keine Zeit! Der Zustand des Tieres verschlechtert sich rapide und die allein lebensrettende Operation wird umso schwieriger, je länger man wartet.

Darmverschluss

Ein schlimmes Zeichen ist dauerndes Erbrechen bei fehlendem oder sehr geringem Kotabsatz. Führt man vorsichtig ein Thermometer ein, klebt statt Kot glasiger, zäher Schleim daran. Das deutet auf einen Darmverschluss hin. Ursachen können sein:

- Fremdkörper in Magen oder Darm
- Darmdrehung *(Volvulus)*
- Einschiebung des Darms (*Invagination*; durch heftige Bewegung haben sich Darmteile ineinander geschoben)
- Tumor

Nierenerkrankung
Erbricht Ihr Hund dauernd und hat Fieber, kann eine Nierenerkrankung die Ursache sein. In diesem Falle sollten Sie nicht lange zögern und die genaue Diagnose dem Tierarzt überlassen. Zu leicht wird durch Abwarten oder Anwendung von Hausmitteln der entscheidende Moment für die Behandlung verpasst – die Grundkrankheit muss angegangen werden.

Leptospirose
Dauerndem Erbrechen, mit Störung des Allgemeinbefindens, wie Fieber und Mattigkeit, kann auch eine Leptospirose (s. Seite 46) zugrunde liegen, selbst wenn dagegen geimpft wurde.

Magen-Darm-Störungen

Erkrankung	Ursache	Behandlung
Durchfall ohne Appetit, Fieber	Infektion	nur tierärztliche Behandlung!
Durchfall bei vorhandenem Appetit	Neurose, Fütterungsfehler, Würmer	gut behandeln, verwöhnen, Fütterung umstellen, Wurmbehandlung
hartnäckiger Durchfall bei vorhandenem Appetit	verschiedene Ursachen	Diät (Haferschleim mit Salz) hungern lassen, Kohletabletten Spezialpräparate (Tierarzt)
Verstopfung	Fütterungsfehler, zu trockenes Futter, zu viele Knochen	Regulierung über Futter, bleibt der Erfolg aus: Klistiere, Darm ausräumen (Tierarzt),
	Prostatavergrößerung	Hormonbehandlung oder Operation
Analdrüsenentzündung	chronische Verstopfung	ausdrücken (Tierarzt)
Afterverklebung bei langhaarigen Hunden	Vernachlässigung	Beseitigung der Krusten
Erbrechen ohne Fieber	Neurose	wie bei Durchfall
	Gastritis	Diät – wie bei Durchfall Injektionen (Tierarzt)
	Fremdkörper	Operation (Tierarzt)
	Vergiftung	siehe diese!
Erbrechen mit Fieber	Nierenerkrankung	nur tierärztliche Behandlung!
	Leptospirose	nur tierärztliche Behandlung!
Vergiftungen	Rattengift	nur tierärztliche Behandlung!
	Pflanzenschutzmittel	nur tierärztliche Behandlung!

Würmer (Endoparasiten)

TIPP **Wenn Kinder im Haushalt sind, sollte man beim Hund viermal im Jahr routinemäßig eine Spulwurmkur mit den modernen, gut verträglichen Präparaten durchführen.**

Für einen richtigen Hundefreund darf es nicht unappetitlich sein, sich den Kot seines Tieres gelegentlich aufmerksam anzusehen. Da passiert es nicht allzu selten, dass Würmer festgestellt werden.

Spulwürmer

Diese Würmer stellen besonders bei jungen Hunden und ihren Müttern ein Problem dar. Sie lassen sich leicht an der Form erkennen, die man mit einer Kugelschreibermine vergleichen kann: vorn und hinten laufen sie deutlich spitz zu. Ihre Farbe ist gelblich-weiß.

Der Hund infiziert sich durch Spulwurmeier, die er in seiner Umgebung aufgenommen hat (Kot anderer Hunde). Die Eier sind widerstandsfähig gegen Austrocknung, aber auch resistent gegen Desinfektionsmittel, sodass man sie in einem Zwinger kaum tilgen kann. Aus ihnen werden Larven, die sich auch abkapseln können. Sobald eine infizierte Hündin läufig wird, wandert ein Teil der Larven in die Blutbahn. Sie gelangen durch Leber und Lungen in den Darm – Würmer sind wieder vorhanden, ohne dass eine neuerliche Infektion von außen stattgefunden hätte! Beim trächtigen Tier werden die Welpen schon im Mutterleib und nach der Geburt über die Milch infiziert, sodass bei ihnen bereits im Alter von 1 bis 2 Wochen Würmer zu finden sind.

INFO **Bandwürmer kommen bei Hunden relativ selten vor. Die entsprechenden Präparate sind zwar für den Hund harmlos, jedoch nicht ganz billig. Eine Kur ist daher nur bei nachgewiesenem Befall anzuraten.**

Ausgewachsene Spulwürmer im Hundedarm sind mit den gebräuchlichen Mitteln gut zu beseitigen.

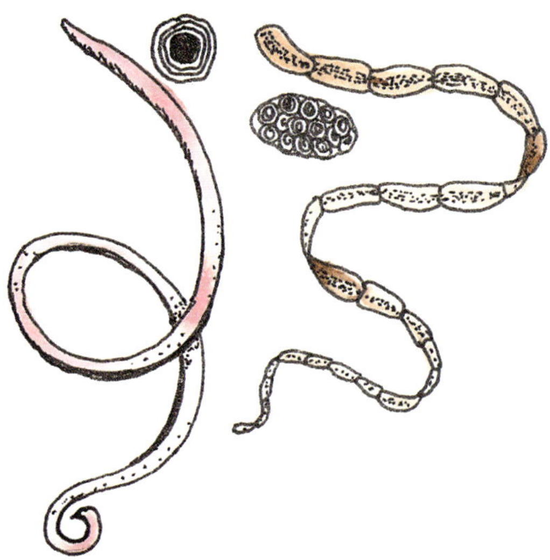

Links: Spulwurm mit Ei. Rechts: Bandwurm mit Ei.

Eine stolze Hundemutter mit ihren Welpen. Leider kann sie ihnen aber auch Spulwürmer übertragen.

Bandwürmer

Diese Parasiten finden sich überwiegend bei älteren Tieren. Die Infektion erfolgt durch infizierte Flöhe. Verdacht schöpfen Sie vielleicht, wenn der Hund plötzlich abmagert und/oder auf dem Hinterteil rutscht (»Schlittenfahren«). Gewissheit bringt die Entdeckung der reifen Bandwurmglieder im Kot.

Bandwürmer sehen wie kleine Nacktschnecken aus, bewegen sich langsam und sind eckig. Der Nachweis ist weniger einfach als bei Spulwürmern. Liegt ein Verdacht vor, sollten Sie den Kot Ihres Hundes vom Tierarzt untersuchen lassen. Bandwürmer sind mit spezifischen Bandwurmmitteln zuverlässig zu beseitigen.

Achtung

Spulwurmeier benötigen eine gewisse Reifezeit, bevor sie infektiös werden. Die prinzipiell mögliche Übertragung auf Kinder erfolgt daher weniger beim Lecken – das natürlich trotzdem abzulehnen ist – als beim Kuscheln mit dem Hund, an dessen Fell die Eier kleben.

Beim hündischen Freund kann man sich gelegentlich auch einmal mit Würmern infizieren.

Erkrankungen der Harnorgane

Wichtig
Bedenken Sie, dass eine akute Entzündung leicht, eine chronische hingegen nur schwer geheilt werden kann. Also gehen Sie bitte möglichst bald zum Tierarzt, wenn die Hausmittel (Wärme, viel trinken lassen) versagen!

Erkrankungen der Harnorgane treten beim Hund recht häufig auf, lassen sich aber meist gut behandeln. Leider sind sie jedoch für den Laien nicht leicht festzustellen.

Nierenentzündung

Die Nierenentzündung kann akut auftreten oder chronisch sein. Das Tier wirkt krank, aber die Symptome sind nicht unbedingt sehr deutlich:

- Die Temperatur kann erhöht sein.
- Der Appetit ist möglicherweise gering.
- In schweren Fällen erbricht der Hund.
- Zum Ruhen sucht der Patient häufig kühle Plätze auf.

Achtung
Chronische Nierenschwäche (Niereninsuffizienz) ist eine häufige Todesursache bei älteren Hunden. Daher ist es sehr wichtig, auf die ersten Anzeichen – vermehrter Durst und häufigerer Harnabsatz – zu achten und eine Behandlung einzuleiten.

Klarheit bringt nur eine Urinuntersuchung. Allerdings ist es keineswegs einfach, an den Urin zu kommen, da das Tier erschreckt aufhört, wenn Sie mit einem Gefäß den Strahl auffangen wollen. Doch es gibt einen Trick: Man bindet einen gründlich gereinigten Becher an einen Stock und geht mit

Wenn der Hund häufiger als sonst das Beinchen hebt und auch vermehrt Durst hat, kann das ein Zeichen für eine Nierenerkrankung sein.

dem angeleinten Hund spazieren. Wenn er Urin absetzt, ganz langsam den Becher heranführen und den Urin auffangen.

Blasenentzündung

Die Blasenentzündung entsteht meist durch Erkältung und ist äußerst schmerzhaft. Harn wird häufig in kleinen Portionen unter Winseln abgesetzt. Er kann auch verfärbt, ja mit Blut vermischt sein.

Trotz der Schmerzen ist die Blasenentzündung weniger gefährlich als ein Nierenleiden. Zunächst soll der Hund sehr viel trinken. Wärme lindert darüber hinaus den Schmerz. Wenn schnelle Besserung ausbleibt, kann nur der Tierarzt helfen.

TIPP

Um den Hund zum Trinken zu animieren, sollte man ihm neben dem gewohnten Wasser auch einmal verdünnten Tee, Fruchtsäfte oder stark verdünnte Fleischbrühe (vorher Tierarzt fragen!) hinstellen.

Blasenstein

Schmerzen beim Wasserlassen, aber auch bei anderen Bewegungen, die mit einem Krümmen des Rückens einhergehen, können auf einen Blasenstein hindeuten (Nierensteine sind seltener). Blut im Urin ist ein weiterer Hinweis, Klarheit bringt aber nur eine Röntgenaufnahme. Kann der Stein die Harnröhre nicht passieren, rate ich zur Operation. Liegt erst eine chronische Entzündung oder gar eine Harnvergiftung vor, sinken die Überlebenschancen nämlich deutlich.

WICHTIG

Bei vermehrtem Durst auf keinen Fall die Trinkwassermenge begrenzen. Das wäre einerseits Tierquälerei und andererseits krankheitsfördernd!

Hundetripper

Bei älteren Rüden findet sich an den Haaren der Vorhautöffnung sehr häufig ein grüngelbliches Eitertröpfchen. Mit dem letzten Urin geht dann auch etwas Eiter ab. Man spricht hier von Hundetripper. Es handelt sich dabei um eine chronische Vorhautentzündung, eine unappetitliche Erkrankung. Beim Tierarzt erhalten Sie eine mit einem starken Antibiotikum gefüllte Plastikspritze, eigentlich für die Behandlung der Euterentzündung des Rindes gedacht.

Die Vorhautöffnung wird mit einem Wattebausch oder einem Läppchen gesäubert und dann die abgerundete Spitze der Spritze vorsichtig in die Vorhaut – nicht in die Harnröhre – eingeführt. Sie sollten einige Tropfen hineindrücken, das tut nicht weh, und diese dann sorgsam durch Massieren von außen verteilen.

TIPP

Bei hartnäckigem Hundetripper hilft in den meisten Fällen die Kastration – auch bei alten Rüden!

INFO **Hundepfoten sind ein Wunderwerk der Natur! Die Ballen wirken als elastische Stoßpolster und die Krallen wie Spikes auf natürlichem Untergrund. Nur bei glattem Boden wie in Wohnungen rutschen Hunde aus.**

WICHTIG
Manche Hundehalter lehnen Hundestiefel als zu »albern« ab. Ihnen sei gesagt, dass immerhin die harten Schlittenhunde bei Rennen in Alaska Schuhe tragen, weil ihre Ballen die Tortur sonst nicht durchhalten würden.

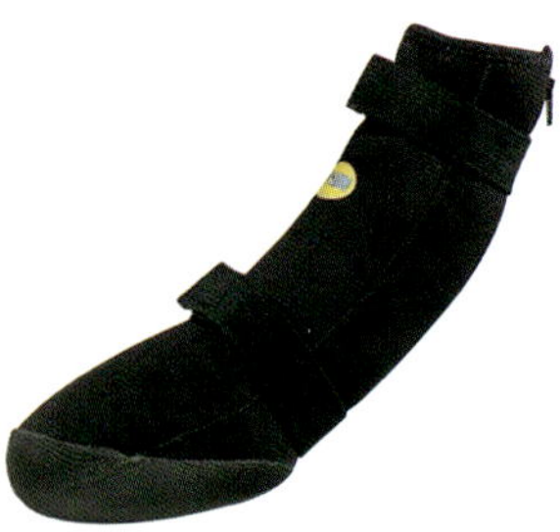

Mit derartig soliden Stiefeln kann man Hundepfoten wirksam schützen. Es gibt verschiedene Modelle für unterschiedliche Einsatzmöglichkeiten

Bewegungsapparat

Jeder gesunde Hund läuft gern. Wenn der Bewegungsrhythmus gestört ist, spricht man von Lahmheit, deren Ursache sich nicht immer leicht feststellen lässt.

Ballenerkrankungen

Die Ballen sind sinnreiche federnde Pfotenpolster für das Lauftier Hund. Sie wurden für natürlichen Untergrund, aber nicht für harte Straßen »konstruiert«, was zu einigen Erkrankungen führen kann.

Ballenverletzung

Wenn Hunde in Scherben treten, kommt es zu leicht zu klaffenden Ballenverletzungen, die sehr unangenehm sind. Tiefe Wunden können stark bluten, sie sind fast immer verunreinigt und haben eine schlechte Heilungstendenz. Es ist klar, dass die korrekte Versorgung in die Hand eines Tierarztes gehört. Der wird unter Umständen unter Betäubung sogar nähen müssen. Nur bei kleineren Wunden kann man einen Pfotenverband selbst anlegen.

Die Räume zwischen den Zehen werden, da der Hund dort schwitzt, mit Watte abgepolstert, mit Wundpuder versorgt und dann mit einer Mullbinde umwickelt. Dieses »Kunstwerk« nagen viele Vierbeiner allerdings binnen kurzer Zeit wieder ab.

Neuerdings gibt es im Fachhandel spezielle Verbandsschutzschuhe, die das umständliche Umwickeln mit Isolierband überflüssig machen. Ein paar Tropfen Kölnischwasser darauf geträufelt, verleiden dem Hund das Nagen noch zusätzlich. So schützt man auch den vom Tierarzt angelegten Verband.

Wunde Ballen

Wenn die Hunde viel auf harten Straßen laufen müssen, werden die Ballen leicht wund. Das ist einerseits ohnehin schmerzhaft und macht andererseits das Laufen auf winterlichen Straßen mit Splitt und Streusalz zur Qual. Vorbeugend und heilend wirken Ballensprays oder Ballentinkturen aus dem Hundeshop.

Federnde Eleganz und Freude an der Bewegung! Dieser kleine Kerl hat bestimmt keine Probleme mit seinem Bewegungsapparat.

Bei wunden Ballen helfen Hundeschuhe, die keineswegs eine Modetorheit sind. Man konnte sie bisher allerdings schwer bekommen; neuerdings gibt es aber einen speziellen Pfotenschutz, praktisch ein Stiefelchen mit Reißverschluss und Klettbefestigung.

TIPP **Wenn Hunde Ballentinkturen verabscheuen, kann man sie mit reiner Lebertransalbe überzeugen. Die riecht für unsere Nasen zwar übel, erfreut aber fast jeden Hund. Um das Ablecken zu verhindern, trägt man sie erst vor einem Spaziergang auf.**

Dorn im Ballen

Der Hund setzt einen Fuß gar nicht oder nur winselnd auf: Er kann sich einen Dorn, einen Glassplitter oder Ähnliches in den Ballen getreten haben.

Bevor Sie genau untersuchen, prüfen Sie zweckmäßigerweise, ob die Lahmheitsursache wirklich in einer Verletzung der Pfote zu suchen ist. Dazu umfassen Sie zunächst eine gesunde Pfote mit der Hand und drücken sie mehrfach fest zusammen. Der Hund wird zunächst erschrecken, sich aber an das Drücken gewöhnen und auch nicht mehr zucken. Nun fassen Sie die vermutlich verletzte Pfote und drücken sie schnell und kräftig. Gibt es eine deutliche Schmerzreaktion? Dann suchen Sie intensiv nach dem Fremdkörper, was nicht einfach ist. Haben Sie ihn entdeckt, lässt er sich mit einer Splitterpinzette herausziehen.

Zwischenzehenekzem

ACHTUNG
Ein Tier, das an einer Hüftgelenksdysplasie leidet, dürfen Sie auf keinen Fall zu Zuchtzwecken einsetzen.

Wenn der Hund beim Laufen deutliche Schmerzreaktionen zeigt, Sie aber weder einen Fremdkörper noch eine Verletzung feststellen können, müssen Sie sorgfältig auf die Haut zwischen den Ballen achten. Es kann nämlich ein so genanntes Intertrigo, ein hochschmerzhaftes Zwischenzehenekzem, vorliegen.

Auch geringe Veränderungen an der Pfote – etwa eine leichte Rötung, kleine Pickelchen oder verklebte Haare – bewirken zuweilen schon eine deutliche Lahmheit. Eine Behandlung mit einem guten Wundpuder oder einer Salbe bringt rasche Linderung. Vergessen Sie aber nicht, dem Hund einen Verband anzulegen, damit er Puder oder Salbe nicht ablecken kann!

Knochenbruch

TIPP
Kleinere Hunde können auch auf drei Beinen gut laufen. Wenn es der Tierarzt bei schwersten Verletzungen anrät, sollte man sich daher durchaus auch eine Amputation überlegen!

Hatte der Hund einen Unfall und lahmt er danach, muss unbedingt der Tierarzt helfen. Keinesfalls sollten Sie ohne genaue Diagnose einfach abwarten und auf die Heilkraft der Natur hoffen. In der Regel kann erst durch eine Röntgenaufnahme geklärt werden, ob ein Knochenbruch vorliegt oder nicht.

Unkomplizierte Brüche heilen mithilfe eines Stützverbandes aus Gips oder Kunststoff schnell. Schwerere müssen genagelt, verplattet oder verschraubt werden.

Hüftgelenksdysplasie (HD)

Sie sind Besitzer eines großen Hundes, vielleicht sogar eines Schäferhundes? Das Tier ist noch jung, wird bei Spaziergängen aber leicht müde? Die Ursache kann ein angeborener Herzfehler sein, aber auch die von jedem Hundehalter gefürchtete Hüftgelenksdysplasie.

Es handelt sich hierbei um eine angeborene und erbliche Fehlbildung des Hüftgelenks, ein Unglück für jeden Züchter. Oberschenkelkopf und Hüftgelenkspfanne passen nicht richtig zusammen. Daher nutzen sich die Gelenke bei zunehmender Belastung falsch ab und es entstehen Verformungen. In der Folge kommt es zur Ausbildung einer Arthrose und der

Hund kann nicht mehr richtig laufen. Auch beim Aufstehen hat er Schwierigkeiten. Eine exakte Diagnose ist nur mithilfe einer speziellen Röntgenaufnahme zu stellen, die der Tierarzt in einer leichten Narkose durchführt.
Es gibt verschiedene Grade der HD:

- In leichteren Fällen gleicht die Muskulatur die Fehlbildung des Gelenks aus. Das lässt sich durch Anabolika – jawohl, die Muskelpillen der Sportler! – gut unterstützen.
- Bei schwerem Defekt hilft eine Operation. Dabei muss notfalls das ganze Gelenk entfernt werden. Vierbeiner können einen solchen körperlichen Mangel jedoch einigermaßen ausgleichen. Neuerdings werden auch Gelenkprothesen eingepflanzt. Diese relativ aufwendige Operation wird in speziell dafür eingerichteten Tierkliniken durchgeführt.

Die Kosten pro Seite entsprechen ungefähr denen eines guten Fernsehgerätes. Der Eingriff ist zu empfehlen, wenn die anderen Möglichkeiten zur Behandlung ausgeschöpft sind.

In jedem Fall von Hüftgelenksdysplasie ist es sehr anzuraten, ein eventuelles Übergewicht des Hundes schonend abzubauen. Dadurch entlastet man den gesamten Bewegungsapparat. Wenn die tierärztliche Diagnose eine HD feststellt, sollten Sie auf jeden Fall den Züchter informieren. Von einer bestimmten Schwere der Erkrankung an darf mit dem Tier nicht gezüchtet werden.

Diese eigenartige Haltung schürt den Verdacht auf eine Fehlbildung des Hüftgelenks (HD).

Wenn der Kopf – die Kugel – des Schenkelhalses und die Pfanne – die entsprechende Aussparung – des Beckens nicht zueinander passen (Zeichnung links), spricht man von Hüftgelenksfehlbildung (= Hüftgelenksdysplasie oder HD). Rechts: gesundes Hüftgelenk.

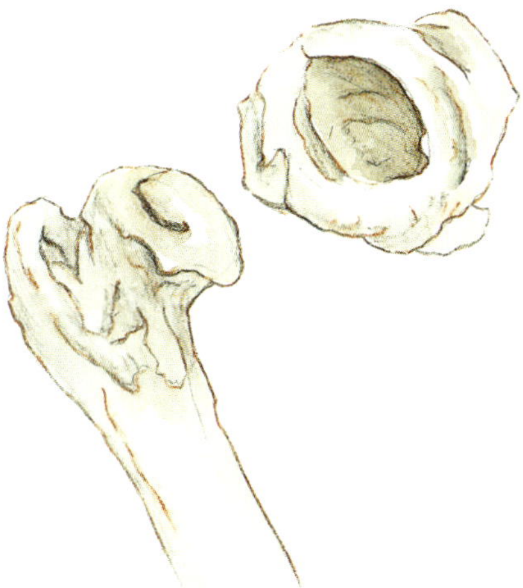

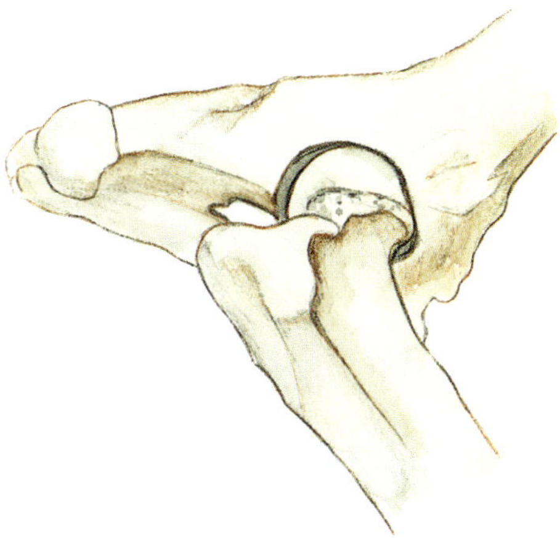

Rheuma

WICHTIG
Treten bei der Dackellähme stärkere Schmerzen und Lähmungen auf, kann ausschließlich der Tierarzt helfen, und zwar mit Spritzen, Bestrahlungen, ja sogar durch Chiropraktik oder operativ.

Zeigt ein altes Tier beim Laufen rasch Ermüdungserscheinungen, kann es von Rheuma geplagt sein. Bei der Behandlung steht die Beseitigung des Schmerzes im Vordergrund. Eine Linderung erreichen Sie durch Wärme in jeder Form. Vermeiden Sie es, dass Ihr Hund an zugigen Stellen liegt, und stellen Sie ihm eine gut isolierte Schlafunterlage zur Verfügung. Leichte Bewegung ist empfehlenswert, um die Funktion der Gelenke zu erhalten.

Dackellähme

TIPP
Natürlich ist die Heilung einer Lahmheit eine Domäne der Schulmedizin. Die Methoden der Naturheilkunde können den Heilungsprozess aber wirkungsvoll unterstützen und beschleunigen!

Dackel leiden häufig im Alter, gelegentlich auch schon in jungen Jahren, an der schlimmen Dackellähme. Sie kann auch bei anderen Rassen (Pudel, Pekinesen, Spaniels) vorkommen. Dackel sind mit ihrem langen Rücken jedoch besonders gefährdet. Die Erscheinungen reichen von einer unauffälligen Steifheit bis zur totalen Lähmung des Hinterteils.

Ursache ist eine Verspannung der Rückenmuskulatur, in schweren Fällen ein vollständiger Bandscheibenvorfall. Wie beim Rheuma helfen auch hier Wärme und Einreibungen der verhärteten Rückenmuskulatur, im schlimmsten Falle eine Operation.

Eine Vorhersage über den mutmaßlichen Verlauf lässt sich nur schwer treffen. Generell gilt, dass auch bei schwersten

Ein schlimmes, jedoch leider typisches Bild: die vollständige schlaffe Hinterhandlähmung.

Der Bewegungsapparat von Junghunden großer Rassen darf während des Wachstums nicht überanstrengt werden.

Lähmungen Hoffnung besteht, solange Schmerzen überhaupt noch zu beobachten sind. Leichte Bewegung ist bei solchen Zuständen gut, sofern die Beschwerden es zulassen.

INFO **Heute sind neben der klassischen Rachitis eine ganze Reihe weiterer und nur sehr schwierig zu diagnostizierender Knochenerkrankungen bekannt, die alle ähnlich wie Knochenweiche aussehen.**

Rachitis

Junge Hunde großwüchsiger Rassen (Doggen, Bernhardiner) bekommen heute noch gelegentlich Rachitis (Knochenweiche). Die Beine wirken dabei geschwollen und sind an den Gelenken stark verdickt, dazu noch merkwürdig verbogen. An den Rippenbögen finden sich Knoten, auch Rosenkranz genannt.

Vorbeugende Maßnahmen sind dringend zu empfehlen. Sie bestehen vor allem in einer vielseitigen, eiweiß- und mineralstoffreichen Ernährung. Dazu wird ein wirksames Vitaminpräparat, das die Vitamine A, D und E enthalten sollte, verabreicht. Da großwüchsige Hunde außerordentlich rasch wachsen, erfordert ihre Aufzucht besondere Aufmerksamkeit. Eventuelle Fütterungsfehler wirken sich bei ihnen gleich verhängnisvoll aus. Später wird es einfacher.

Wenn Sie das erste Mal einen Welpen einer großwüchsigen Rasse erwerben, ist die detaillierte Ernährungsberatung durch den Züchter unerlässlich. Nur er weiß, wie man diesen Hund gesund aufzieht. Fehler in der Haltung und Ernährung, die in diesem Alter des Hundes gemacht werden, lassen sich später kaum wieder ausgleichen.

WICHTIG

Zur Behandlung der Rachitis müssen spezielle Hormonpräparate eingesetzt werden, die nur der Tierarzt verabreichen darf.

Offene Wunden

INFO **Beulen am Kopf nach harmlos erscheinenden Kratzwunden sind Eiteransammlungen (Abszesse), die vom Tierarzt eröffnet werden müssen!**

Hunde sind ihrer Natur nach Jäger, die mit der Beute und auch mit Artgenossen nicht gerade zimperlich umgehen. Da kommt es immer wieder einmal zu Wunden, die in aller Regel eine vorzügliche Heilungstendenz haben. Die Behandlung macht der Hund selbst, wobei ihn zuweilen auch vertraute Rudelgenossen unterstützen. Dabei benutzen sie den Speichel als mild desinfizierende Lösung und die Zunge als sanft reinigenden Lappen.

Bei diesem Lecken wird die Wunde ständig gereinigt, desinfiziert und am vorzeitigen Zuheilen mit Taschenbildung gehindert. Man kann diese Maßnahme dadurch wirkungsvoll unterstützen, dass man die Haare um die Wunde herum abschneidet, um ein Verkleben zu verhindern. Dazu benötigt man eine scharfe, gebogene Schere.

Ungünstig sieht es aus, wenn der Hund die Wunde nicht mit der Zunge erreichen kann. Dann muss der Mensch helfen. Die Haare in der Wundumgebung werden großzügig abgeschnitten und die Wundfläche mit einem im Wundsekret löslichen Puder bestreut. Sofern es zu Verkrustungen und Verklebungen kommt, müssen diese bis zur Heilung regelmäßig schonend entfernt werden. Dafür nimmt man ein sauberes Läppchen – keine fusselnde Watte –, das mit einer milden Desinfektionslösung, die zur Behandlung offener Wunden geeignet ist, getränkt wurde.

Bei umfangreichen Wunden reichen diese Maßnahmen nicht aus. Der Tierarzt muss dann eine Wundinspektion vornehmen. Klaffende Anteile werden genäht, Taschenwunden breit eröffnet und zu der örtlichen Desinfektion kommt noch eine allgemeine Antibiotika-Kur.

Checkliste Wundapotheke

- Scharfe gebogene Schere
- Wundpuder – im Wundsekret löslich
- Mildes Wunddesinfektionsmittel
- Mullbinden und Tupfer für Notverband
- Sterile Läppchen (ausgekochte saubere Taschentücher)

Schnittwunden

Glatte Schnittwunden können zuweilen genäht werden. Der große Vorteil: Die Wunde heilt mit etwas Glück ohne Eiterung glatt ab und hinterlässt nur eine kleine Narbe. Voraussetzung ist, dass sie nicht zu stark infiziert ist, auf ihr keine Spannung liegt und der Gang zum Tierarzt innerhalb der ersten Stunden nach Entstehen der Verletzung erfolgte.

Kratzwunden

Sie kommen meist durch Kämpfe mit Katzen zustande und befinden sich im Kopfbereich. Dort kann sich der Hund nicht selbst lecken. Wenn ihm kein Artgenosse diesen Liebesdienst erweist, muss der Hundehalter helfen. Auch hier werden die Haare im Wundbereich sorgfältig entfernt und der Wundpuder bis zur Heilung regelmäßig aufgestreut.

Bei Augen- und Ohrverletzungen sollte man unbedingt einen Tierarzt hinzuziehen.

INFO **Blutungen werden meist überschätzt. Nur bei starken, eventuell spritzenden Blutungen ist ein Druckverband angebracht. Siehe »Erste Hilfe« Seite 128 f.**

Platzwunden

Platzwunden nach Autounfällen haben eine schlechte Heilungstendenz, weil sie immer mit Quetschungen verbunden sind. Außerdem stoßen sich zuweilen umfangreiche Gewebsteile ab. Sicherheitshalber sollte ein Tierarzt die Erstversorgung übernehmen, was auch für die Dokumentation – Haftpflichtfall! – wichtig ist.

WICHTIG
Bei besonders schlecht heilenden Wunden mit Sekretbildung ist eine Wundrevision mit Betäubung durch den Tierarzt erforderlich.

Bisswunden

Sie sind deshalb so unangenehm, weil ihr Ausmaß meist viel umfangreicher ist, als man zunächst erkennen kann. Häufig wurden Hautteile von der Unterlage abgelöst. Gefürchtet ist die Verletzung, wenn ein großer Hund einen kleinen im Genick gepackt und umhergeschüttelt hat. Man sieht dann nur vier von den Eckzähnen herrührende Mini-Wunden. Sie sind bald verschorft. Nach 1 bis 2 Tagen kommt es aber zu einem Fieberschub, das Tier ist schwer krank. Der Grund: Die Haut im Nackenbereich ist von der Unterlage abgelöst, wurde infiziert und vereiterte. Der Tierarzt muss dann meist die Taschenwunde breitflächig aufschneiden, damit das Sekret abfließen kann, und er verordnet ein Antibiotikum.

Gegen das unerwünschte Belecken von Operationswunden schützt die Halskrause.

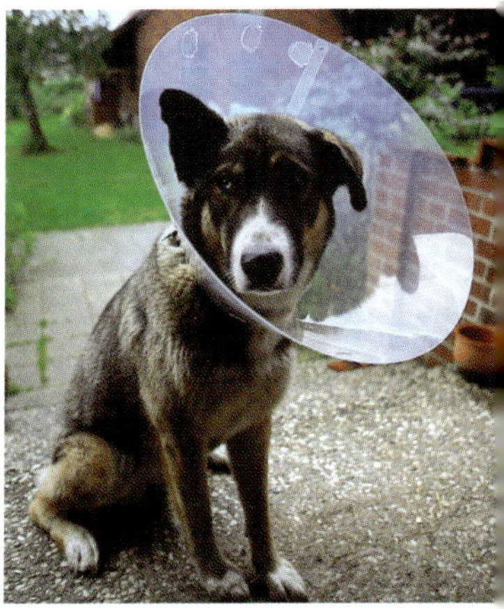

Operationswunden

Operationswunden werden sorgfältig vernäht, sind normalerweise nicht infiziert und sollten daher ohne Eiterung abheilen. Daher kann man sie mit einem Verband abdecken. Das Lecken ist der Heilung in diesem Falle nicht förderlich.

Schwellungen

Achtung
Bei einer läufigen oder scheinträchtigen Hündin ertastet man gelegentlich Verdickungen an der Milchdrüse. Bitte nicht erschrecken, sie sind meist hormonell bedingt und verschwinden wieder! Dennoch müssen sie gut beobachtet werden.

Geschwülste müssen genau beobachtet und im richtigen Moment operiert werden. Es ist einfach, den Hund spielerisch auf tastbare Knoten zu untersuchen. Kraulen Sie ihn dabei, und er wird sich das mit Genuss gefallen lassen. Untersuchen Sie besonders die Milchdrüse – auch beim Rüden. Am besten kneten Sie sie dabei sanft durch.

Geschwülste

Besonders im Alter leidet der Hund recht oft an Geschwülsten und zwar am häufigsten an der Milchdrüse. Etwa jede zweite ältere Hündin entwickelt dort tastbare Knoten. Durch Kastration des jungen Tieres kann die Gefahr des Auftretens von Gesäugetumoren merkbar verringert werden.

Ein rechtzeitig vorgenommener operativer Eingriff ist unkompliziert.

Grützbeutel

Unter der Haut entwickeln sich gelegentlich Geschwülste, die schnell sehr groß werden können, aber gutartig sind.
Ein Grützbeutel muss zusammen mit seiner Kapsel sorgfältig operativ ausgeschält werden.

Eingeweidebruch *(Hernie)*

Wichtig
Jeder Eingeweidebruch muss unbedingt vom Tierarzt untersucht und – falls erforderlich – behandelt werden!

In der Nabelgegend, in der Leiste oder an anderen Stellen des Bauches bemerken Sie eine Hervorwölbung. Mit sanftem Druck lässt sie sich zwar verstreichen, kommt aber gleich wieder hervor. Mit ziemlicher Sicherheit liegt in einem solchen Fall ein Eingeweidebruch vor. Besonders häufig treten Brüche am Nabel auf.

Hervorwölbungen bis zur Größe einer Haselnuss können ein reiner Schönheitsfehler sein. Sehr problematisch ist es allerdings, wenn sich Eingeweideteile im Bruchsack befinden. Bei einer Einklemmung besteht akute Lebensgefahr; nach einer alten Regel muss man noch vor Sonnenuntergang operieren, da sonst der Darm abstirbt.

Furunkel oder Abszess

Eine solche Verdickung ist heiß und schmerzhaft. Die Anwendung von Zugsalben aus der Hausapotheke nützt nur dann, wenn die Stelle nicht abgeleckt werden kann. Sonst hilft Abwarten oder ein Gang zum Tierarzt, der die Qual mit einem kurzen Einschnitt beendet.

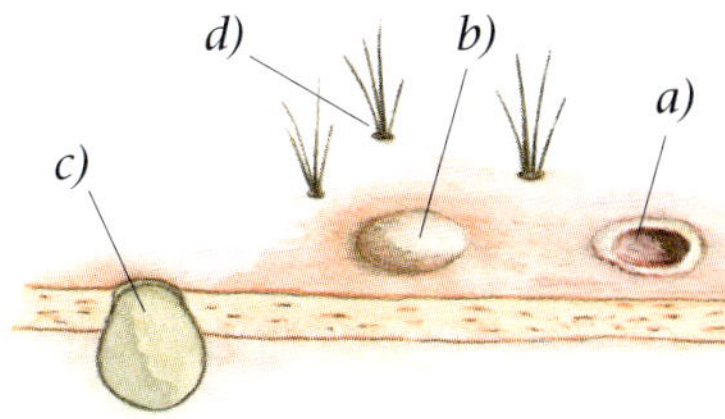

a) Geschwür
b) Geschwulst
c) Grützbeutel oder Abszess
d) Furunkel

Insektenstiche

Sie treten häufig im Kopfbereich auf. Kühlung tut gut – drücken Sie am besten einen Plastikbeutel mit Eisstücken und Wasser auf die Schwellung.

Bei Atembeschwerden, zum Beispiel nach einem Stich in Zunge oder Rachen, muss der Hund unverzüglich zum Tierarzt, der sofort ein Mittel zum Abschwellen spritzen wird.

Überempfindlichkeitsreaktionen (Allergien)

Über den ganzen Körper verteilte Schwellungen, nässende oder schorfige Stellen, die plötzlich auftreten, können durch Allergien hervorgerufen werden. Deren Ursache ist nicht immer leicht auszumachen – infrage kommen:
- Arzneimittel
- Insektenstiche
- ungewohnte Nahrung

Sollte der Hund krank wirken, muss der Tierarzt mit Spritzen oder Tabletten helfen, andernfalls können Sie abwarten.

WICHTIG
Sollte eine Schwellung vom Biss einer Kreuzotter herrühren, dann suchen Sie sicherheitshalber den Tierarzt auf. Bitte nicht selbst behandeln!

Tumoren an den inneren Organen

Wie beim Menschen können beim Hund auch tumoröse Veränderungen an Lunge, Magen, Darm und anderen Organen vorkommen. Doch sind sie glücklicherweise selten. Verdacht sollte man schöpfen, wenn der Hund abmagert und keine andere Ursache ermittelt werden kann.

Die genaue Diagnose ist selbst für den Tierarzt nicht einfach. Schwierig ist auch zu entscheiden, ob bei einem derartigen Tumor eine Operation sinnvoll ist oder nicht, es gibt keine generelle Richtlinie.

Gewichtszunahme

Nach § 2 des gültigen Tierschutzgesetzes muss ein Tier »seiner Art und seinen Bedürfnissen entsprechend ernährt werden«. Ein fetter Hund erfüllt demnach eigentlich den Tatbestand der Tierquälerei! So weit sollte man es – im Interesse des Hundes – nicht kommen lassen!

WICHTIG

Die Behandlung der Fettsucht ist vordergründig einfach – weniger füttern –, tatsächlich aber äußerst schwierig. Sprechen Sie zunächst ernsthaft mit allen, die dem Hund im Laufe des Tages etwas zustecken – sie tun ihm damit keinen Gefallen!

Fettsucht *(Adipositas)*

Wenn ein Hund bei starkem Appetit und gutem Allgemeinbefinden immer dicker wird, kann man getrost auf Fettsucht tippen. Sie erkennen die Verfettung an der gleichmäßigen Rundung des Körpers.

Fettleibigkeit entsteht bei einem deutlichen Missverhältnis zwischen Nahrungszufuhr und Bewegung. Außerdem ist das hundetypische Verhalten zu berücksichtigen. Der Hund muss als Meutetier im Hunderudel die unregelmäßigen Mahlzeiten immer mit anderen teilen, Ranghöhere haben Vorrang. In Ihrer Hausgemeinschaft ist er im Regelfall der Rangniedrigste, fühlt sich also veranlasst, das Futter möglichst schnell zu verschlingen. Deshalb darf man nicht immer wieder nachfüllen, sondern muss die Futtermenge vernünftig begrenzen.

Geben Sie täglich nur eine knappe Mahlzeit (etwa die Hälfte der bisherigen Menge), und zwar vor einem Spaziergang, dann ist der Hund abgelenkt und bettelt hinterher nicht. Die Mahlzeit soll wenig Fett und Kohlenhydrate enthalten. Es gibt auch spezielle Abmagerungsdiäten als Alleinfutter.

Nach anfänglichem Zögern, was nur nützlich ist, wird der Hund das angebotene Fressen schon aufnehmen.

Bis zum angestrebten Normalgewicht rechnet man etwa 2 Monate. Regelmäßige Bewegung ist in jedem Falle gut und unterstützt die Kur, kann eine Diät aber nicht ersetzen.

Dicke Hunde haben viel weniger Spaß am Leben und werden leichter krank.

Scheinschwangerschaft

Wenn die Milch einschießt, ohne dass der Bauch rund wird – manchmal wird er es durchaus – kann nur eine Scheinschwangerschaft vorliegen, ein Zustand, der viele Hündinnen plagt, laut Statistiken 13 Prozent aller weiblichen Tiere.

Das gerötete und gespannte Gesäuge kühlen Sie mit einem Handtuch, in das Eiswürfel eingerollt sind. Das lindert die Schmerzen und mindert die Schwellung. Effektiv kann der Tierarzt mit speziellen Präparaten helfen. Das letzte und zuverlässigste Mittel wäre die Kastration.

Bauchwassersucht *(Aszites)*

Bekommt der Hund zwar einen dicken Bauch, erscheint aber sonst mager, ja sogar dürr, so deutet das auf Bauchwassersucht hin. Auf den ersten Blick mag das Tier dick wirken, die Hautfalten sind aber sehr dünn, der Rücken spitz, und im Bauch schwappt eine Menge Flüssigkeit, die hörbar plätschert.

Bauchwassersucht ist eine schwerwiegende Erkrankung, die auch bei sachgerechter Behandlung eine ungünstige Prognose hat. Verlieren Sie keine Zeit und gehen Sie so bald wie möglich zum Tierarzt!

INFO **Nach gesicherten Daten sind etwa 30 Prozent aller Tiere in Deutschland zu dick.**

Gebärmuttervereiterung *(Pyometra)*

Bei dieser gefürchteten Erkrankung ist die Vergrößerung des Leibesumfangs nur ein Krankheitszeichen unter vielen (es kann sogar fehlen).

Pyometra ist zu befürchten, wenn die Hündin vermehrten Durst zeigt, weniger frisst, gelegentlich erbricht und auch außerhalb der Läufigkeit Ausfluss hat.

Besonders gefährdet sind ältere Tiere, die nie Junge hatten. Schon im Verdachtsfalle müssen Sie unbedingt den Tierarzt aufsuchen, denn die Aussichten auf Heilung sind umso besser, je früher die Erkrankung erkannt wird.

Im Regelfall besteht die tierärztliche Behandlung in der operativen Entfernung von Gebärmutter und Eierstöcken.

Diese Umrisszeichnungen zeigen von links nach rechts: einen normalen Hund, eine trächtige Hündin, ein fettsüchtiges Tier, ein Tier mit Bauchwassersucht.

Seltene Erkrankungen und Leiden

WICHTIG
Während eines akuten Krampfanfalls lässt man den Hund ruhig liegen, denn er könnte beißen! Erst nach völliger Beruhigung sollte der Tierarzt aufgesucht werden.

Durch das ständige Zusammensein kennen Sie Ihren Hund sehr genau. Sie wissen, wie sich Freude, Schmerz und Wohlbefinden bei ihm äußern. Vielleicht stellen Sie aber einmal eine Verhaltensänderung fest, die Ihnen Anlass zur Besorgnis gibt.

Im Folgenden werden einige Krankheitsbilder aufgeführt, deren Beschreibung Ihnen helfen soll, ein plötzlich auftretendes sonderbares Verhalten Ihres Hundes besser und schneller zu deuten. Das kann Sie vor einer falschen oder verspäteten Entscheidung bewahren.

Epilepsie

Immer noch werden viele Hunde bei Epilepsie überhaupt nicht oder nur unzureichend behandelt. Der akute Anfall mit sekundenlangem Bewusstseinsverlust wird von vielen Hundehaltern nicht ernst genommen, weil bereits kurz danach wieder alles normal zu sein scheint.

Sollten Sie bei Ihrem Hund einen solchen Anfall beobachten, müssen Sie ihn bei nächster Gelegenheit zum Tierarzt bringen, weil bei jedem Krampf Gehirnzellen absterben. Der Arzt wird Tabletten als Dauerbehandlung verordnen, mit denen sich die Anfälle vermeiden lassen. Der Patient kann dann weiterhin ein ziemlich normales Leben führen.

ACHTUNG
Kratzt ein Rüde aus Liebeskummer an der Tür, heult und winselt, kann das auch ein Anzeichen für eine ernste Erkrankung sein. Aber selbst wenn es »nur« Liebeskummer ist, muss man handeln. Den Hund einfach nur einzusperren, wäre Tierquälerei. Geben Sie ihm bewährte Beruhigungsmittel vom Tierarzt.

Herzanfall

Ungenaue Beschreibungen der Erscheinungen durch die Tierbesitzer veranlassen den Tierarzt unter Umständen, zunächst fälschlich einen epileptischen Anfall zu vermuten.

Im Gegensatz dazu ist es für einen Herzanfall (Synkope), der zumindest einige Minuten dauert, aber typisch, dass das Tier bei Bewusstsein bleibt. Außerdem wird der Hund vor dem Anfall mehrmals husten.

Hexenschuss (Lumbago)

Ein akuter Hexenschuss verursacht so heftige Schmerzen, dass der Hund geradezu »verrückt« erscheint. Er will nicht angefasst werden, winselt, ist ungewohnt aggressiv und bissig und hält manchmal den Kopf schief.

Der Tierarzt muss ihm rasch mit starken Schmerzmitteln Linderung verschaffen. Quälen Sie den Patienten bitte nicht mit Hausmitteln! Das ist gut gemeint, bringt aber nichts!

Magendrehung

Wenn große Hunde nach einer Mahlzeit plötzlich starke Schmerzen erkennen lassen, sich wälzen und schreien und ihr Leib sich deutlich aufbläht, könnte eine Magenverdrehung vorliegen. Sie ist lebensgefährlich und erfordert ein schnelles Eingreifen des Tierarztes.

Und so entsteht eine Magendrehung (von links nach rechts): Ein gefüllter Magen – durch heftige Bewegungen des Hundes wird die verhängnisvolle Drehung eingeleitet – der Magen ist verdreht – er bläht in Minutenschnelle auf, nun ist keine Zeit mehr zu verlieren.

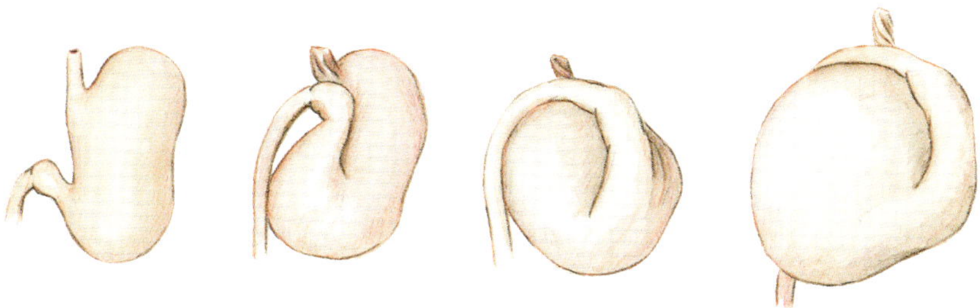

Seltene Erkrankungen

Erscheinungen	mögliche Erkrankung
vermehrter Durst, Mattigkeit	Zuckerkrankheit
Mattigkeit, Fieber, Atemprobleme	Tuberkulose
Ruhelosigkeit, Lähmungen, Juckreiz	Aujeszkysche Erkrankung
Kopfmuskelkrämpfe	Starrkrampf
nach Zeckenstich: Lahmheiten	Borreliose
nach einem Aufenthalt in den Tropen oder Subtropen	
starkes Krallenwachstum, schuppige Hautveränderungen an den Ohren	Leishmaniose
Fieber, Mattigkeit	Babesiose
blutiger Durchfall	Amöbiasis

WICHTIG

Jede Minute, die Sie bei einer Magendrehung tatenlos verstreichen lassen, mindert die Überlebenschancen Ihres Hundes. Er muss sofort operiert werden, was bei dem oft geschädigten Kreislauf jedoch nicht ungefährlich ist.

Vergiftungen

TIPP **Es kann sehr teuer werden, wenn Sie das vergiftete Tier auf »alle Gifte« untersuchen lassen! Die Untersuchung ist nur sinnvoll, wenn sich Ihr Verdacht auf ein bestimmtes Mittel bezieht.**

Bei jeder plötzlich auftretenden Krankheit muss man an eine Vergiftung denken. Die typischen Anzeichen sind Würgen, Speicheln, Krämpfe und Erbrechen – bei dem häufigen Rattengift auch Blutungen aus allen Körperöffnungen.

Da es zuweilen um Minuten geht, warne ich vor gut gemeinten Erste-Hilfe-Maßnahmen wie dem Einflößen von Salzwasser, um Erbrechen auszulösen, und Kohletabletten. Damit wird meistens nur wertvolle Zeit vergeudet und das Tier gequält. Sie sollten mit dem Hund schnellstens zum Tierarzt gehen. Nehmen Sie dabei Proben des eventuell Erbrochenen und Kotproben mit.

Vorsicht bei der öffentlichen Beschuldigung eines »bösen Nachbarn«, gegen den Sie einen Vergiftungsverdacht hegen! Nur zu leicht kann man selbst wegen Verleumdung angeklagt werden, denn eine verbrecherische Vergiftung ist schwer juristisch »wasserdicht« zu beweisen. Auf jeden Fall sollten Sie den Tierarzt bitten, den Vergiftungsverlauf medizinisch exakt zu dokumentieren.

WICHTIG
Melden Sie jede Vergiftung mit präzisen Angaben der Polizei. Die Aufklärungschancen steigen, wenn dort mehrere Anzeigen eingehen, weil man den Täter einkreisen kann!

Gefährliche Pflanzen

Hunde, vor allem Jungtiere, knabbern gern an allerlei Gegenständen herum. Dazu gehört alles, was sie in einer Wohnung

Beim Spaziergang finden und fressen Hunde gelegentlich »Essbares«, das ihnen gar nicht gut bekommt.

finden, auch Zimmerpflanzen. Wenn sie die Möglichkeit haben, nagen sie daran und graben auch im Blumentopf. Um dem vorzubeugen sollten die Tiere regelmäßig die Gelegenheit erhalten, auf ihren Spaziergängen Gras als Verdauungshilfe aufzunehmen und kräftig zu buddeln.

Schon um Schäden an den schönen Pflanzen zu vermeiden, stellt man sie für den Hund unerreichbar auf, dann kommt er gar nicht erst auf »dumme Ideen«.

Außerdem sind einige der üblichen Zimmerpflanzen oder Schnittblumen für Hunde – und Menschen! – ausgesprochen giftig!

Unter anderem folgende Zimmerpflanzen beziehungsweise Schnittblumen sind für den Hund giftig:

TIPP **Erkundigen Sie sich bei Hundeschulen nach einem Training, bei dem Ihrem Hund beigebracht wird, nur Futter von Ihnen oder aus seinem Schüsselchen daheim aufzunehmen. Das ist ein wirkungsvoller Schutz vor Vergiftungen – und vor Übergewicht!**

Zimmerpflanzen

Aaronstabgewächse: Kolbenfaden, Alokasie, Dieffenbachie, Flamingoblume, Philodendron, Monstera, Einblatt
Amaryllisgewächse: Klivie, Blutblume, Ritterstern
Hundsgiftgewächse: Wüstenrose, Goldtrompete, Dipladenie
Liliengewächse: Ruhmeskrone, Zierspargel, Lilie
Nachtschattengewächse: Browallie, Brunfelsie, Zierpfeffer, Korallen- und Hammerstrauch
Wolfsmilchgewächse: Katzenschwanz, Christusdorn, Wunderstrauch, Weihnachtsstern

Balkon- und Kübelpflanzen

Engelstrompete, Heliotrop, Oleander, Palmfarn, Petunien, Silberblatt, Sternjasmin

Freilandpflanzen (oft in Blumensträußen)

Buchsbaum, Christrose, Efeu, Eibe, Eisenhut, Farne, Fingerhut, Ginster, Goldregen, Iris, Klematis, Maiglöckchen, Mistel, Narzissen, Primeln, Schneeglöckchen, Tulpe

WICHTIG
Bei der Bekämpfung des Juckreizes ist gerade der Besitzer gefordert, weil er die Lebensumstände seines Hundes (Ernährung, Kontakt zu anderen Tieren, Spielgelände usw.) besser kennt als der Tierarzt und damit die Ursachen des Juckreizes besser beseitigen kann.

Juckreiz

Ständiger Juckreiz vergällt einem Hund das Leben, bringt seine Besitzer zur Verzweiflung und stellt den Tierarzt häufig vor große Probleme. Deshalb hier ein Überblick über seine möglichen Ursachen.

Parasiten

Zunächst wird man immer an Parasiten, in erster Linie an Flöhe, denken. Bei dunkelhaarigen Hunden sind sie nicht leicht zu finden.

Mit einem guten Flohpräparat ist bald Abhilfe geschaffen. Erstaunlicherweise kann man oft auch bei gepflegten Tieren Flöhe als Ursache des hartnäckigen Juckens ausmachen. Sie haben sie sich beim Spielen mit anderen Tieren eingefangen.

INFO
Vielfach sind die auslösenden Ursachen einer Allergie nicht irgendwelche Chemikalien, sondern Naturstoffe in der Nahrung oder in der Umgebung des geplagten Tieres.

Hautpilze

Eine Hautpilzinfektion führt nicht unbedingt zu Juckreiz, doch die befallenen Stellen irritieren den Hund. Er wird zu kratzen beginnen, daraus kann sich eine Entzündung entwickeln und schon geht die Juckerei los. Man sollte also zumindest auch an Pilzbefall denken.

Allergien

Sie sind zweifellos die häufigste und unangenehmste Ursache für ständigen Juckreiz. Sobald man die Ursache kennt und die auslösenden Allergene vermeiden kann, ist das Problem gelöst. Doch das ist leider nicht einfach und bleibt nur allzu oft erfolglos. Man sollte die Futtersorte wechseln, den Hund keinesfalls mit allerlei Mitteln gegen vermuteten und nicht nachgewiesenen Parasitenbefall behandeln, ein anderes Waschmittel für seine Decken nehmen und vieles mehr.

Wird das Jucken unerträglich, rät der Tierarzt wahrscheinlich zu einer Behandlung mit dem ungeliebten Kortison. Die Nebenwirkungen (vermehrter Appetit und Durst) lassen sich minimieren, wenn man das Präparat in Tablettenform gibt und die Dosis ständig verringert, bis es gerade noch wirkt.

WICHTIG
Ein Hund mit Juckreiz sollte auf keinen Fall gewaschen werden, sofern der Tierarzt keine medizinischen Bäder empfohlen hat. Auch das Baden in Gewässern ist – zumindest vorübergehend – einzustellen.

Der Hund kann sich überall Parasiten oder Allergene einfangen, die zum Juckreiz führen.

Neurosen

Manche Hunde beginnen sich schon zu kratzen, wenn man ihren Namen erwähnt, andere in hündischen Lebenskrisen, die nicht eben selten sind.

Abhilfe schafft man mit intensiver Ablenkung wie einem unverhofften Spaziergang, einer Schmusestunde oder einem Leckerbissen außer der Reihe. In schweren Fällen müsste der Tierarzt sogar die Behandlung mit einem der modernen Psychopharmaka beginnen.

Juckpest (Aujeszkysche Krankheit)

Die Juckpest ist eine geradezu schreckliche Virusinfektion. Sie wird durch das rohe Fleisch infizierter Schweine übertragen. An ihr können alle Tiere mit Ausnahme des Pferdes erkranken. Der Mensch ist nicht gefährdet.

Die Aujeszkysche Krankheit führt zu unerträglichem Juckreiz, bei dem die Tiere sich die Haut blutig beißen. Eine Behandlung ist nicht möglich, am Ende des 1 bis 2 Tage dauernden Leidens steht immer der Tod. Eine Schutzimpfung gibt es noch nicht.

Altersbedingte Beschwerden

INFO **Es gibt Alterspräparate für Hunde, von denen man zwar keine Wunder, jedoch eine Linderung von Altersbeschwerden erwarten kann. Wichtiger ist aber eine spezielle Seniorennahrung, die der verringerten Verdauungsleistung Rechnung trägt.**

Die Lebensspanne unserer engsten tierischen Freunde, der Hunde, ist leider erschreckend kurz. Mit 10 Jahren stehen einige große Rassen schon am Ende ihres Lebens, mehr als 15 erreichen auch robuste kleine Hunde kaum, der derzeitige Weltrekord von 29 Jahren (Guinnessbuch der Rekorde) bleibt wohl für die meisten ein Traum. Mit einfühlsamer Pflege kann man den Hunden das Alter aber erleichtern und ihnen die Lebensqualität erhöhen.

Die Fitness lässt nach

Das ist für alternde Lebewesen nur natürlich. Man sollte einem alten Hund zwar durchaus noch Bewegung ermöglichen, ihn jedoch nie überfordern. Bei plötzlich nachlassender Fitness denken Sie bitte auch an Herzprobleme (s. Seite 40 f.). Ein taktvoller Hundehalter verkürzt die täglichen Spaziergänge so, dass der Hund sie noch problemlos bewältigen kann und hinterher nicht erschöpft ist.

Augen- und Ohrenprobleme

Das Nachlassen der Sehkraft ist fast normal. Der Hund kompensiert es in vertrauter Umgebung durch seinen Geruchs- und seinen Tastsinn.

Die Ohren sollten nach tierärztlicher Anleitung regelmäßig gesäubert werden. Damit beugt man dem unangenehmen Ohrenzwang vor oder bessert seine Erscheinungen.

Geben Sie dem alten Tier einen Teil der Treue und Zuneigung zurück, die es Ihnen in jungen Jahren geschenkt hat.

Schwierigkeiten mit den Zähnen

Fast bei jedem älteren Hund bildet sich Zahnstein, einige Zähne beginnen zu wackeln oder fallen aus. Da wird der Tierarzt eine Sanierung vornehmen; lassen Sie ihn die Zähne mindestens zweimal jährlich inspizieren. Der Hund sollte an den Zähnen keine Schmerzen haben und nicht unangenehm riechen. Das Fressen ist beim handelsüblichen Futter kein Problem, die Bröckchen schluckt er notfalls nur hinunter, die Verdauung findet dann im Magen statt.

Haut- und Haarprobleme

Im Alter verliert auch beim Hund die Haut an Straffheit, sein Fell an Glanz. Mit vitaminreicher Ernährung – Zusatz von Vitamin A und ungesättigten Fettsäuren – kann man Alterungsvorgänge zwar nicht aufhalten, wohl aber verzögern. Auch für regelmäßiges Kämmen und Bürsten ist der Hund dankbar.

Geschlechtsspezifische Probleme

Die Sexualität bringt den Tieren nicht nur Freude und verbesserte Lebensqualität, sie ist auch ein gesundheitlicher Risikofaktor, auf den man gerade bei älteren Tieren achten sollte.

Gesäugetumoren und Gebärmuttervereiterung

Bei der alternden Hündin werden – zumeist gutartige – Gesäugetumoren und die Gebärmuttervereiterung (*Pyometra*; s. Seite 87) gefürchtet. Durch rechtzeitige Kastration lassen sich Tumoren einigermaßen und die Pyometra zuverlässig vermeiden. Wenn es aber dazu kommen sollte, ist die Operation – auch im Alter – segensreich und lebensrettend.

Hundetripper und Prostatavergrößerung

Rüden haben oft einen unappetitlichen, jedoch relativ harmlosen Ausfluss aus der Vorhaut (Hundetripper). Er ist mit Spülungen ganz gut, mittels Kastration (!) recht zuverlässig zu behandeln (s. Seite 75).

Auch ältere Rüden leiden mitunter an Prostatavergrößerung. Sie äußert sich vorwiegend als hartnäckige Verstopfung. Die Behandlung mittels Kastration ist durchaus anzuraten.

WICHTIG

Wenn der alte Hund nicht mehr gehorcht, sollte man ihn keinesfalls strafen. Vielleicht kann er nur nicht mehr gut hören. Geben Sie ihm geduldig Handzeichen und seien Sie nachsichtig!

Altersdemenz

Manche alten Tiere werden »sonderbar«. Sie stehen vor irgendeiner Wand, sind unansprechbar und wirken später offensichtlich verwirrt. Sie können nachts heulen, gehorchen zeitweise nicht mehr und machen einen unglücklichen Eindruck. Der Vergleich mit der schlimmen Alzheimer-Erkrankung des Menschen liegt nahe. Eine spezifische Behandlung ist nicht möglich, der Patient braucht viel Geduld und Zuneigung!

Wenn der Rüde mit der Hündin ...

Wenn die Hormone ihre Macht entfalten, treten Gehorsam und Freundschaft zum Menschen oft in den Hintergrund. Die Hunde sind dann kaum noch zu halten und laufen sogar weg.

Ein nettes Pärchen! Doch wer züchten will, sollte sich diesen Schritt gut überlegen. Hundezucht kostet Zeit und Geld.

Das Liebesleben der Hunde

INFO Eine Regel sagt, dass größere Rassen längere Läufigkeitsintervalle haben als kleine. Bekannte Ausnahmen sind die Dackel mit 7 bis 8 Monaten und die Schäferhunde mit 4 bis 5 Monaten Abstand.

Von Natur aus leben Hunde für die Liebe, und sie geraten außer Rand und Band, wenn die Leidenschaft sie überfällt. Da dieses Verhalten auch Probleme schafft, lohnt es sich, den einzelnen Erscheinungen auf den Grund zu gehen und die vielfältigen modernen Möglichkeiten zur Steuerung des Sexualverhaltens kritisch zu prüfen.

Läufigkeit

Die Läufigkeit (auch Brunst oder Hitze genannt) tritt bei Hündinnen keineswegs immer nur im Frühjahr und im Herbst auf. Im Gegensatz zu anderen Tieren (Schafe, Hirsche) lassen sie sich von der Jahreszeit kaum beeinflussen, sondern folgen ihrem eigenen Rhythmus. Der kann von Rasse zu Rasse und von Tier zu Tier höchst unterschiedlich sein, bleibt für das jeweilige Individuum aber meist konstant.

6 bis 7 Monate beträgt der durchschnittliche Abstand zwischen zwei Läufigkeitsperioden. Bei einer jungen Hündin ist die erste Läufigkeit mit 10 bis 12 Monaten zu erwarten. Sie beginnt mit einem Anschwellen der Scheide und einem hellroten Ausfluss, der im Verlauf der Periode zunehmend dunkler wird.

INFO In einem Mischwurf, an dem mehrere Väter beteiligt waren, sind die reinrassigen Welpen absolut einwandfrei. Mögen Züchtwarte auch mit dem Kopf schütteln: An diesen Tieren haftet kein »Makel«!

Das Verhalten Ihrer Hausgenossin ändert sich während der Läufigkeit meist stark. Zu Beginn der heißen Tage werden Rüden durch den Geschlechtsgeruch zwar angelockt, aber noch empört weggebissen. Lassen Sie sich aber durch dieses abweisende Verhalten nicht täuschen: Im gefährlichen letzten Abschnitt der Periode wird Ihre Hündin plötzlich aktiv und verliert jede Hemmung.

Von vielen anderen Tierarten unterscheiden sich Hunde durch eine Besonderheit. Eine Hündin ist 6 bis 8 Tage deckbereit und akzeptiert in diesem Zeitraum nahezu jeden Rüden, unabhängig von Rasse oder Größe. Die Befruchtung findet aber erst am Ende dieser Periode statt!

1 Woche lang sammelt sie den Samen verschiedener Vatertiere – natürlich nur, wenn sich die Gelegenheit ergab –, erst danach sind die Eier befruchtungsfähig. So erklärt sich die Tatsache, dass Hündinnen in einem Wurf nicht nur reinrassige

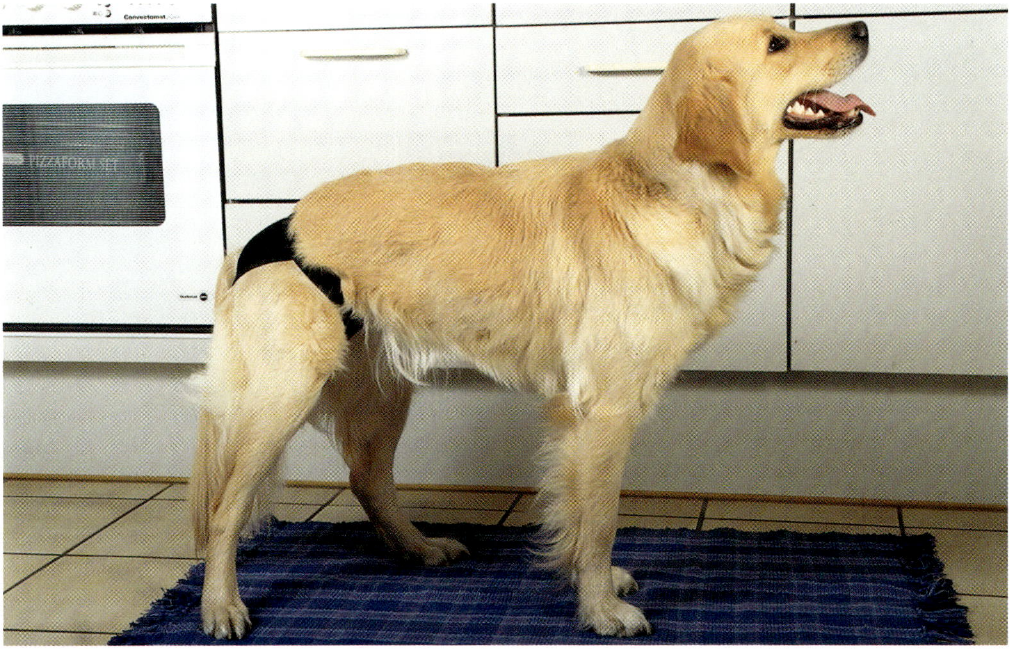

Das Höschen verhindert eine ungewollte Bedeckung recht zuverlässig.

Welpen, sondern auch Mischlinge auf die Welt bringen können. Sie als Halter müssen daher 1 Woche lang äußerst wachsam sein, selbst dann noch, wenn der Rasserüde bereits seine Pflicht getan hat.

Es bleibt Ihre Entscheidung, ob etwas beziehungsweise was gegen die Läufigkeit getan werden soll. Über die verschiedenen Möglichkeiten werden Sie auf der folgenden Doppelseite informiert.

Abwehr der Rüden

Überdecken Sie mit einem Abwehrspray geruchlich jeden Läufigkeitstropfen, den die Hündin beim Hinein- oder Hinauslaufen in der Wohnung oder im Haus verliert. Dafür können Sie auch ein Körperpflegespray verwenden.

Das härteste Abwehrmittel gegen Rüden ist der Gebrauch einer Gaspistole.

Die hier beschriebenen Methoden sind hilfreich, ersetzen aber nicht eine lückenlose Überwachung der läufigen Hündin, besonders gegen Ende der Hitzeperiode.

TIPP

Kölnischwasser riecht für Hundenasen ganz scheußlich. Rüden wenden sich ab und laufen sichtlich angeekelt davon.

Empfängnisverhütung

Falls Sie keinen Hundenachwuchs möchten, gibt es eine Reihe von Möglichkeiten, um zu verhindern, dass Ihre Hündin etwa halbjährig läufig wird. Das können z. B. Maßnahmen für eine Verschiebung der Hitze sein.

Die Läufigkeit kann auch störend wirken, wenn Sie etwas vorhaben und Ihre Hündin mitnehmen wollen. Auch hier lässt sich aber Abhilfe schaffen.

Läufigkeitsunterbrechung

Wenn Sie den Läufigkeitsrhythmus Ihrer Hündin kennen, haben Sie die Möglichkeit, die nächste Hitzeperiode exakt vorauszuberechnen. Eine Läufigkeitsunterbrechung können Sie mithilfe von Hormontabletten erreichen, die Sie sich rechtzeitig beim Tierarzt besorgen müssen.

Die Methode ist einfach und ungefährlich, weil der natürliche Rhythmus sich schnell wieder einspielt, und sie ist auch bei Zuchttieren anwendbar. Sie dürfen nur die tägliche

Eine Hundefamilie ist niedlich. Aber wissen Sie auch, wohin mit den Kleinen?

Tablettengabe nicht vergessen, sonst gerät der Rhythmus durcheinander.

Läufigkeitsverhinderung

Durch eine Hormoninjektion unterbricht man den Sexualzyklus. Damit haben Sie nun alle Vorteile, die eine Hündin ihrem Besitzer bietet, ohne die Nachteile der Läufigkeit. Wird der Zeitpunkt der Spritze richtig gewählt, wiegt das geringe Risiko die Mühen und Gefahren von zahllosen durchlittenen Läufigkeiten auf. Allerdings können zwei gefürchtete Begleiterscheinungen auftreten: Gebärmuttervereiterung (Pyometra; s. Seite 87) und Verfettung (s. Seite 86); sie lässt sich mit Diät vermeiden.

Meine Meinung zur Pyometra: Wenn Sie eine Hündin halten, die nie Junge bekam, so gehen Sie mit oder ohne Läufigkeitsunterdrückung zu etwa fünf Prozent dieses Risiko ein, wenn das Tier älter wird. Aber das ist kein Todesurteil – eine Operation (Entfernung der Gebärmutter und der Eierstöcke) hilft zuverlässig und wirkt sogar verjüngend.

TIPP **Notieren Sie das Auftreten der Hitze Ihrer Hündin im Kalender. So werden Sie später nicht davon überrascht, können Ihre Urlaubsplanung darauf einstellen und haben eine Kontrolle über die Geschlechtsgesundheit Ihres Tieres. Jede stärkere Abweichung vom individuellen Rhythmus deutet nämlich auf eine Störung hin.**

Kurzzeitige Läufigkeitsverschiebung

Was tun, wenn der Termin der Läufigkeit Ihnen ungelegen kommt, Sie zum Beispiel gerade in dieser Zeit eine Reise geplant haben? In einem solchen Fall kann man ebenfalls mit Tabletten Abhilfe schaffen. Dies ist eine praktische und ungefährliche Methode, die auch bei Zuchttieren angewendet werden kann. Sie bleibt auf Einzelfälle beschränkt.

Empfängnisverhütung bei der Hündin

Einsperren	nicht tiergerecht, unsicher
Kurzzeitige Läufigkeitsverschiebung	kurzfristige Lösung (mit Tabletten)
Läufigkeitsunterdrückung	Hormoninjektion alle 5 Monate, reversibel
Kastration	irreversibel
Sterilisation	irreversibel, nicht zu empfehlen!

Kastration der Hündin

Bei der Hündin versteht man darunter die operative Entfernung beider Eierstöcke. Heute wird eine entsprechende Operation zumeist mit der teilweisen Entfernung der Gebärmutter kombiniert. Ein derartiger Eingriff bietet Vorteile, hat aber auch Nachteile, über die gesprochen werden muss.

INFO **Die Kastration der Hündin kann zu praktisch jedem Termin, jedoch nicht während der Läufigkeit durchgeführt werden.**

Die Vorteile

- Die Hündin wird nie mehr läufig, sie ist und bleibt sexuell neutral.
- Das Risiko einer Gebärmuttervereiterung (Pyometra; s. Seite 87) ist ausgeschaltet.
- Geschwülste der Milchdrüse treten nach einer Kastration wesentlich seltener auf.
- Das Tier wird meist anhänglicher und sanfter.

Eine Kastration unterstützt also nicht nur die Bequemlichkeit des Besitzers, sondern bringt auch dem Tier gesundheitliche Vorteile.

TIPP **Je früher Sie die Hündin kastrieren lassen, desto besser ist die Vorbeugung gegen Gesäugetumoren. Besprechen Sie das mit Ihrem Tierarzt.**

Die Nachteile

- Eine Kastration lässt sich nicht wieder rückgängig machen.
- Für den versierten Tierarzt ist die Operation zwar ein Routineeingriff, doch bleibt ein gewisses Restrisiko.
- Durch die sexuelle Neutralisation mittels Spritze oder Kastration fällt ein Teil der Lebensenergie weg, das heißt, das Tier verbraucht weniger Kalorien. Wird es weiterhin unverändert gefüttert, so erhöht sich sein Gewicht zwangsläufig. Im Regelfall lässt sich eine Verfettung allerdings durch etwas knapper bemessene Futtermengen vermeiden oder zumindest in Grenzen halten. Auch hier spielen Rasseeigenheiten wieder eine große Rolle: Cocker sind sehr gefährdet, während das Windspiel wohl kaum ein Bäuchlein bekommt.
- Wesensänderungen lassen sich nicht vorhersagen: Viele Hündinnen verändern sich überhaupt nicht. Da die Ablenkung durch das andere Geschlecht wegfällt, werden einige allenfalls anhänglicher, vielleicht etwas sanfter. Generell können Sie bei der Beurteilung des Verhaltens nie sagen, wie sich das Tier ohne Kastration, allein durch das Älterwerden entwickelt hätte. Man ist leicht geneigt, jede unerwünschte Charaktereigenschaft auf diesen Eingriff zurückzuführen.

INFO **Bei der Sterilisation werden der Hündin die Eileiter durchtrennt, sie bleibt aber sexuell aktiv.**

● Noch Monate oder Jahre nach dem Eingriff kann Harnträufeln auftreten, vor allem bei größeren Rassen. Durch eine geeignete Hormonbehandlung lässt sich diese unangenehme, aber nicht gefährliche Nebenwirkung allerdings zumeist günstig beeinflussen.

Die beiden bleiben noch etwa 1/2 Stunde ungewollt zusammen. Schimpfen bringt nichts.

Antibabyspritze

Falls Sie vor einer Kastration und den möglichen unerwünschten Nebenwirkungen zurückschrecken oder wenn Sie wissen möchten, wie Ihre Hündin darauf reagiert, ob sich ihr Wesen verändert oder ob sie eventuell zunehmen könnte, rate ich Ihnen, einen Tierarzt aufzusuchen. Lassen Sie Ihrer Hündin die »Antibaby-Spritze« geben: eine wirklich gute Methode und sozusagen die »Kastration auf Probe«, also noch nichts Endgültiges.

Sie tun dem Tier allerdings keinen Gefallen, wenn Sie die Spritzenbehandlung mehrfach anfangen und dann wieder absetzen. Entgegen früheren Meinungen ist es für den Organismus nicht gut, wenn sich der blockierte Zyklus alle paar Jahre wieder normal einspielt.

Unerwünschte Bedeckung

Auf dem Höhepunkt der Läufigkeit – also gegen deren Ende – genügt ein Augenblick der Unaufmerksamkeit und »es« ist passiert.

Der Deckakt hat bei Hunden seine eigene Gesetzmäßigkeit: Die Tiere bleiben durch den angeschwollenen Penis des Rüden noch eine Weile miteinander verbunden. Man nennt das Hängen, es kann bis zu einer halben Stunde dauern. Daher ist die Chance groß, dass Sie Hund und Hündin noch beim Vollzug überraschen.

Jetzt kommt es auf Ihr Verhalten an: keine Trennungsversuche, kein Eimer Wasser, keine Schläge! Es wäre grobe Tierquälerei und dazu noch völlig unnütz, denn der Samenerguss hat bereits stattgefunden. Gehen Sie auch nicht zu dicht an das nunmehr mürrische Paar heran, Sie könnten gebissen werden.

Vereinbaren Sie in Ruhe mit Ihrem Tierarzt einen Termin. Etwa 3 Tage nach dem Deckakt erhält die Hündin die erste Spritze, danach werden noch zwei weitere gegeben.

WICHTIG
Durch die Injektionen wird die Läufigkeit verlängert. Sie müssen also noch längere Zeit aufpassen und jede »Lücke« im Überwachungssystem zuverlässig schließen.

Fruchtbarkeitskontrolle

Der Rüde hat theoretisch kein periodisches Liebesleben, praktisch aber sehr wohl, da seine große Zeit mit der Läufigkeit aller Hündinnen in der engeren und weiteren Nachbarschaft in Verbindung steht. Das kann für Sie äußerst lästig werden. Ihr sonst so gut erzogener Hund hat alles Erlernte plötzlich vergessen.

Lassen Sie Ihren Rüden ungehindert streifen, so erlebt er zwar manches schöne Abenteuer, kommt aber häufig zerbissen, zerschlagen und völlig verstört zurück, das heißt, wenn er überhaupt wiederkommt!

Die »Visitenkarte« zeigt allen anderen Rüden, dass ich hier keine Rivalen dulde.

Wenn Sie ihn im Haus oder im Zwinger einsperren, falls sich in der Nachbarschaft eine läufige Hündin befindet, leidet er erbarmungswürdig. Er wird winselnd an den Türen kratzen oder die Nahrung verweigern, je nach Eigenart. Das sollten Sie Ihrem Vierbeiner ersparen.

Sind keine Hündinnen in Streifnähe, so bleibt Ihr Rüde immer brav und wohlerzogen. Hat er nur eine Freundin in der Nachbarschaft, so werden Sie halt zweimal im Jahr die Unruhe in Kauf nehmen müssen. Wohnen Sie aber in einer hundereichen Gegend, so müssen Sie ernsthafte Maßnahmen ergreifen, zum einen im Hinblick auf das Wohlergehen Ihres Hundes und zum anderen hinsichtlich eines weiteren guten Einvernehmens mit Ihren Nachbarn.

ACHTUNG
Beruhigungsmittel helfen bei kürzeren Krisen gut, sie eignen sich allerdings nicht für eine Dauerbehandlung.

Beruhigungsmittel

Es gibt eine ganze Reihe erprobter Präparate, die seelische Krisen zu überwinden helfen. Verwenden Sie nicht einfach Medikamente aus der Hausapotheke, sondern lassen Sie sich vom Tierarzt beraten. Manche für Menschen gedachte Präparate führen nämlich bei Hunden gelegentlich zu paradoxen Reaktionen; so werden sanfte Tiere plötzlich frech und bissig, das heißt durch das Medikament enthemmt.

Hormonelle Dämpfung

Einige Rüden leiden an einem überstarken Geschlechtstrieb, andere befinden sich durch zahlreiche Hündinnen in der Nachbarschaft fast ständig in unerträglichem Ausnahmezustand. Da ist eine kurzfristige Beruhigung wenig sinnvoll.

Hier helfen Hormonpräparate – übrigens der gleiche Typ, der auch Hündinnen zur langfristigen Verhinderung der Läufigkeit gegeben wird. Sie müssen injiziert werden und ihre Wirkung hält lange an. Genau lässt sich die Dauer allerdings nicht vorhersagen, da sie von der Ausgangssituation abhängt. Wenn ein aktiver Rüde etwa mit heißen Hündinnen in einer Hausgemeinschaft lebt, so wird die hormonelle Dämpfung ungefähr 2 bis 3 Wochen anhalten – in einem günstigeren Falle bis zu einem Vierteljahr oder länger. Nebenwirkungen sind nicht zu befürchten, die Tiere werden allenfalls ruhiger und sanfter.

WICHTIG
Eines muss klar gesagt werden: Beruhigungsmittel und Hormonpräparate bieten keinen absoluten Schutz vor unerwünschten Deckakten. Um eventuelle Schadensersatzansprüche zu vermeiden, müssen alle anderen Vorsichtsmaßnahmen streng eingehalten werden.

Kastration des Rüden

Gegen die Kastration eines Rüden bestehen starke psychologische Widerstände, vor allem von männlicher Seite, die sich sachlich kaum erklären lassen. Die Operation ist unkompliziert und wird schmerzfrei in Narkose durchgeführt. Der erwachsene Rüde behält sein männliches Aussehen, nur jung kastrierte Tiere bleiben jugendlich weiblich.

INFO **Eine Verhaltensänderung nach einer Kastration ist nur bei Rüden zu erwarten, die nicht älter als etwa 2 Jahre sind!**

Die Psyche des Rüden leidet zweifellos mehr unter dem gewaltsam unterdrückten Trieb, als darunter, dass dieser schlicht wegfällt. Sie sollten diesen Vorgang nicht aus menschlicher Sicht betrachten. Das Tier selbst empfindet keinen Verlust! Seine Lebensqualität wird nicht gemindert.

Da kastrierte Hunde ruhiger werden, stellt dieser Eingriff auch das letzte Mittel dar, um bei zu großer Schärfe Abhilfe zu schaffen.

Hinsichtlich der möglichen Verfettung gilt das Gleiche wie bei der kastrierten Hündin: Bei entsprechender Diät dürfte es keine Probleme geben.

Insgesamt bleibt die Kastration die sicherste Methode, um sexuell überaktive Rüden zu braven Hausgenossen zu machen. Medizinische Einwände gibt es praktisch nicht.

Kastration aus medizinischer Sicht

Die sachlich nicht zu rechtfertigenden Vorbehalte gegen die Kastration wurzeln wohl in dunkler Vergangenheit. Da wurde die Kastration als Strafe bei Bissigkeit verhängt. Man schnitt den Delinquenten kurzerhand den Hodensack komplett ab. Das führte natürlich zu schweren Entzündungen, auch zu Todesfällen durch Verbluten.

In folgenden Fällen ist die Kastration sehr sinnvoll:

- Bei einigen hormonabhängigen Geschwülsten stellt sie eine unterstützende Maßnahme bei der Tumorentfernung dar.
- Beim Prostataleiden reicht sie meistens aus, um das vergrößerte Organ zusammenschmelzen zu lassen.
- Die Vorhautentzündung des Rüden (»Hundetripper«) heilt nach der Kastration rasch ab, auch wenn die Tiere schon etwas älter sind.

Ein Einfluss auf den Charakter des Hundes, also etwa übersteigerte Dominanz-Aggression, ist nur zu erwarten, wenn der Eingriff vor dem vollendeten zweiten Lebensjahr erfolgt.

Nach einer Kastration werden Hunde oft friedlicher und anhänglicher.

Sterilisation

Dabei werden der Hündin die Eileiter oder dem Rüden die Samenleiter durchtrennt. Beide Geschlechter bleiben sexuell aktiv, können sich nur nicht mehr fortpflanzen. Das mindert die Belästigung der Besitzer aber nicht, weshalb diese Methode wohl kaum infrage kommen dürfte.

Allenfalls kann man sich vorstellen, dass jemand, der mehrere Tiere beiderlei Geschlechts hält, sie sterilisieren lässt, um ihnen ein Liebesleben ohne Nachwuchs zu ermöglichen.

Fruchtbarkeitskontrolle beim Rüden

Einsperren	nicht tiergerecht, unsicher
Kastration	irreversibel, bewährte Methode
Sterilisation	irreversibel, viele Nachteile, allgemein nicht zu empfehlen

Oft helfen Mittel aus der Natur

Die Schulmedizin wurzelt auf dem Erfahrungsschatz der Naturheilkunde. Beide lernen voneinander und ergänzen sich. Der geltende Grundsatz lautet: »Wer heilt, hat Recht!«

Sensible Hunde reagieren oft auf die feinen Behandlungsmethoden der Naturheilkunde sehr positiv. Das sollte man nutzen.

Methodenerklärung

Ein guter Tierarzt wird für seine Patienten die im Einzelfall beste und schonendste Heilmethode auswählen. Das kann etwas von der Schulmedizin sein, etwas aus der Naturheilkunde oder eine Kombination von beidem.

Was leistet die Schulmedizin?

Die Schulmedizin ist die Art von Medizin, wie sie an Hochschulen und Universitäten gelehrt wird. Es geht um allgemein anerkannte und jederzeit überprüfbare Methoden und Heilmittel. Niemand wird heute etwa Narkosen ausschließlich mit Pflanzensäften durchführen wollen. Andererseits spielen nach wie vor Naturstoffe, wie beispielsweise das Pfeilgift Curare, dabei eine Rolle. Bei einer eitrigen Infektion sind Antibiotika unverzichtbar, ursprünglich stammen sie ja ebenfalls aus der Natur (Schimmelpilzextrakte). Das viel geschmähte Kortison ist ein Hormon der Nebennierenrinde und kann in bestimmten Fällen lebensrettend wirken. Es gibt also keinen krassen Gegensatz zwischen Schulmedizin und Naturheilkunde. Was zählt, ist der Erfolg!

ACHTUNG

Entgegen mancher Ansicht vermag keine Methode der Naturheilkunde die bewährten Schutzimpfungen zu ersetzen.

Was leistet die Naturheilkunde?

Hunde lassen sich bei manchen Erkrankungen oder Störungen wirkungsvoll mit Naturheilmitteln behandeln. Man setzt sie etwa zur Unterstützung verhaltenstherapeutischer Maßnahmen, bei der Behandlung chronischer Infektionen und zur Beeinflussung des lästigen Juckreizes ohne erkennbare Ursache ein. Angebracht sind sie zudem immer dann, wenn man mit schulmedizinischer Behandlung nicht weiterkommt, wenn keine entsprechenden Therapien zur Verfügung stehen oder ein Naturheilmittel die sanftere Methode darstellt.

Bei naturheilkundlichen Maßnahmen kann zunächst eine gewisse Verschlechterung im Befinden des Hundes auftreten. Das ist keineswegs bedenklich und darf Sie nicht beunruhigen. Es ist ein Hinweis auf die Wirksamkeit der angewendeten Naturmittel. Nach kurzer Zeit tritt dann eine Verbesserung des Zustandes ein.

WICHTIG

Bei der Ungezieferbekämpfung sind moderne Pharmazeutika den naturheilkundlichen Präparaten sowohl in Bezug auf die Wirksamkeit als auch die Unschädlichkeit überlegen!

Nicht eigenmächtig herumprobieren

Naturheilkundliche Maßnahmen sind keineswegs eine Möglichkeit für den Unkundigen, sich einmal risikolos an der Behandlung seines kranken Hundes zu versuchen. Im Gegenteil, alle Methoden müssen sorgfältig erlernt werden, sie sind in der Regel schwieriger anzuwenden als ein bewährtes Heilmittel der Schulmedizin. Ein approbierter Tierarzt muss sich rund 4 Jahre weiterbilden, bis er die Zusatzbezeichnung »Arzt für Naturheilkunde« führen darf! Es werden zahlreiche Kurse und Seminare angeboten. Das Studium entsprechender Fachbücher ist hilfreich, kann praktische Übungen aber nicht ersetzen.

Um es noch einmal zusammenzufassen: Die Naturheilkunde ist auch bei Hunden eine bewährte Methode, um zahlreiche Erkrankungen zu heilen oder zumindest günstig zu beeinflussen. Dabei ist besonders an die Leiden gedacht, die eine ganz wesentliche psychische Komponente besitzen.

Die Schwierigkeit liegt in jedem Falle darin, die organischen Grundkrankheiten zu erkennen und nach den Regeln der ärztlichen Kunst zu behandeln, andererseits aber mit sanfter Medizin so einzugreifen, dass auch dem Seelenleben des Hundes gebührend Rechnung getragen wird.

WICHTIG

Die Einstellung des Hundehalters ist wesentlich: Wer die Naturheilkunde für sich ablehnt, wird auch bei seinen Tieren kaum Erfolge sehen!

Zur Naturheilkunde gehören homöopathische Mittel (rechts), Bach-Blüten und die Aromatherapie (Duftfläschchen links).

Homöopathie

WICHTIG

Zwar ist die Kombination von Homöopathika mit schulmedizinischen Arzneimitteln im Einzelfall möglich und angebracht, auf keinen Fall aber sollten zwei Therapeuten das Tier gleichzeitig behandeln, ohne zu wissen, dass auch die jeweils andere Methode angewandt wird!

Unter den Naturheilverfahren hat die Homöopathie wohl das umfangreichste theoretisch-praktische Lehrgebäude. Es basiert auf drei Pfeilern:

- Simile-Regel (= Ähnliches möge durch Ähnliches geheilt werden) – bedeutet, dass eine Erkrankung mit einem Mittel geheilt werden kann, das in entsprechender Dosierung selbst dieselben Symptome auslösen kann.
- Potenzierung (= die Wirkung des Arzneistoffs wird durch Verdünnung oder Verschüttelung verstärkt) – durch das Verdünnen und Verschütteln der homöopathischen Substanz wird ihr Energiemuster auf das Verdünnungsmittel übertragen. Dadurch erhält der Körper die Informationen, die er braucht, um die jeweilige Krankheit zu bekämpfen.
- Arzneimittelprüfung – hier wird am gesunden Menschen getestet, welches Arzneimittelbild (bestimmte Erscheinungen) die zu testende Substanz hervorruft. So findet man heraus, welches Mittel im Einzelfall angebracht ist.

Anwendung bei Hunden

Homöopathische Mittel gibt es außer in Pulver- und Tablettenform auch als Tropfen und als Globuli (Streukügelchen).

Eine Übertragung dieser Erfahrungen vom Menschen auf den Hund ist nicht ohne weiteres möglich. Inzwischen liegen aber auch zahlreiche Beobachtungen an Hunden vor, die eine sinnvolle homöopathische Behandlung ermöglichen. Ein guter Homöopath untersucht genau und lange, bevor er ein Mittel empfiehlt. Schematische Anweisungen ohne Berücksichtigung des Einzelfalls sind abzulehnen.

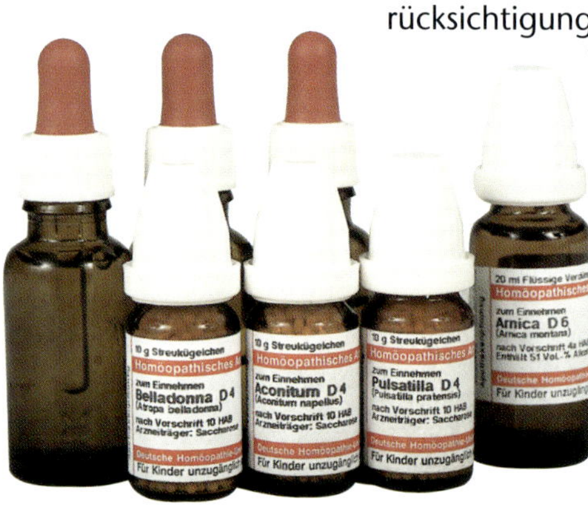

Wichtige Einsatzgebiete der Homöopathie bei Hunden sind:

- Besserung chronischer Erkrankungen, die auf schulmedizinische Maßnahmen nicht ansprechen
- Beeinflussung hartnäckigen Juckreizes
- Nachbehandlung von Operationen
- Unterstützung verhaltenstherapeutischer Maßnahmen, beispielsweise bei Ungehorsam oder Aggressivität.

Jeder Hund benötigt individuelle Mittel, die ihm nur ein erfahrener Therapeut verordnen kann.

Einen chirurgischen Eingriff kann man durch eine homöopathische Behandlung nicht ersetzen, wohl aber die Heilung danach unterstützen.

Im Gegensatz zur Schulmedizin werden in der Homöopathie chronische Erkrankungen mit hohen Potenzen (= stark verdünnt) behandelt. Bei akuten Erkrankungen sind niedrige Potenzen und häufige Gaben angebracht.

Der Homöopath sucht weniger nach einer exakten medizinischen Diagnose (beispielsweise » Staupe« oder »Urämie«), ihn interessieren vielmehr die Symptome, wie ausgeprägt sie sind, wann sie auftreten und wie der Gemütszustand des Patienten ist.

Deswegen ist die homöopathische Untersuchung auch so langwierig. Sie erfordert die aktive Mithilfe des Tierhalters, denn die Berücksichtigung der Verhaltensweise des Hundes ist unerlässlich. Es gibt kein »Schema F«, sondern nur die individuelle Lösung. Die vierbeinigen Patienten und ihre Halter, die ja immer auch mit dem kranken Freund leiden, müssen beide bei einer homöopathischen Behandlung Geduld haben. Der Heilungsprozess verläuft langsamer.

Bach-Blüten-Therapie

TIPP **Die Eingabe der Tropfen ist bei Hunden nicht unbedingt erforderlich. Bach-Blüten-Zubereitungen können auch über das Futter oder das Trinkwasser verabreicht, auf die Maulschleimhaut getropft oder sogar in Akupunkturpunkte einmassiert werden.**

Bei der Bach-Blüten-Therapie geht es nicht um die Linderung oder Heilung bestimmter Krankheiten. Die Diagnostik spielt daher eine nur untergeordnete Rolle. Der Therapeut möchte mit bestimmten Blütenessenzen das gestörte Gleichgewicht, die Schwingungen, zwischen Körper und Seele normalisieren und damit heilen.

Bach-Blüten eignen sich bei Hunden besonders zur Unterstützung verhaltenstherapeutischer Maßnahmen. Das Problem liegt darin herauszufinden, auf welche der 38 Blüten der Hund entsprechend reagiert. Dafür ist viel Erfahrung erforderlich. Eine einfache Übertragung vom Menschen auf den Hund ist nicht möglich, kann aber einen ersten Hinweis geben.

Die so genannten »Notfall-Tropfen« sollen auch bei Hunden schon gut geholfen haben. Bei ernsten Erkrankungen ist aber unbedingt ein Tierarzt zu konsultieren!

Rescue (eine Kombination aus Cherry Plum, Klematis, Impatiens, Rock Rose und Star of Bethlehem) gibt es nicht nur als Tropfen, sondern auch als Salbe.

Die verschiedenen Bach-Blüten werden in praktischen Fläschchen angeboten.

Akupunktur und Akupressur

Diese Methoden der klassischen chinesischen Medizin beruhen auf der Vorstellung, dass im Körper Lebensenergie (= Qi) in bestimmten Bahnen fließt. Ist dieser Fluss gestört, so kommt es zu krankhaften Erscheinungen. Durch Einstechen von Nadeln an bestimmten Punkten (= Akupunktur) oder Drücken (= Akupressur) derselben wird der Energiefluss normalisiert.

Die Lokalisation dieser wichtigen Punkte ist beim Menschen weitgehend geklärt, bei Hunden gibt es noch Forschungsbedarf. Daher erfordert auch diese Heilmethode große Erfahrung und ein langes Studium. Sie eignet sich nicht zum Ausprobieren am eigenen Tier, da es leicht zu Quälereien kommen könnte.

Die Erwartungen in die Akupunktur als Alternative zu herkömmlichen Narkoseverfahren haben sich nicht erfüllt. Ihr Anwendungsgebiet umfasst aber zahlreiche Schmerzzustände, Störungen des Bewegungsapparates, psychische Veränderungen (!), Krampflösung und Steigerung der körpereigenen Abwehr.

INFO **Chinesische Heilkundige betrachten die Akupunktur als einen wichtigen, jedoch nicht ausschlaggebenden Teilbereich ihrer traditionellen Medizin.**

TIPP **Wer sich in dieses Heilverfahren einarbeiten möchte, sollte sich zunächst nur auf die relativ risikolose Akupressur beschränken. Beim Einstechen von Nadeln kann es dagegen leicht zu unerwarteten Nebenwirkungen kommen!**

Yin und Yang stehen für die polare Wechselbeziehung aller Lebensabläufe. Yin ist dunkel und träge, Yang hell und aktiv.

Aromatherapie

INFO **Wenn Hunde sich gegenüber fremden Menschen freundlich oder abweisend zeigen, kann das mit deren Körpergeruch zusammenhängen. Ein alter Trick von Dieben: Sich mit dem Geruch einer läufigen Hündin »parfümieren«. Dann wird fast jeder Wachhund schwach.**

Hunde sind ausgeprägte »Nasentiere« und reagieren sehr stark auf die unterschiedlichsten Gerüche. Diese bestimmen ihr ganzes Leben und das Gemütsleben wird von den verschiedenartigsten Düften deutlich beeinflusst. So kann es mit dem Körpergeruch eines Menschen (Parfüm, Deospray) zusammenhängen, ob ein Hund auf ihn besonders zutraulich oder besonders abweisend reagiert.

Bei einer solchen Reaktion auf Gerüche ist es nur zu verständlich, dass auch die Duft- und Aromatherapie mit Erfolg bei Hunden eingesetzt wird. Bitte beachten Sie: Hunde empfinden diese Behandlung keineswegs grundsätzlich als sanft, da sie unangenehme Gerüche tief beeindrucken können. Deshalb kann man nicht einfach Aromaöle oder Duftkerzen verwenden, die für uns angenehm riechen, sondern man muss ausprobieren, was dem Hund gefällt und wie er darauf reagiert. Auch so genannte Luxushunde wälzen sich ja vielfach, wenn sie nicht daran gehindert werden, beseligt auf Aas, weil sie diesen Geruch schätzen!

Anwendungen bei Hunden

TIPP **Wenn ein fremder Hund zutraulich ist, könnten Sie ihm sanft mit der Hand in die Ohrmuschel greifen. Wenn er später an Ihrer Hand riecht, wird er angenehm überrascht seinen eigenen Geruch wahrnehmen!**

Stellen Sie den Duftspender am besten an eine Stelle, die nicht gerade der Lieblingsplatz Ihres Hundes ist, und beobachten Sie, ob er sich ihm nähert oder sich abseits hält. Bald wird sich herausstellen, was auf Ihren Hund anziehend wirkt. Die Dufttherapie eignet sich in erster Linie dazu, das Wohlbefinden des Tieres zu steigern. Damit einher geht

- die Anregung der körpereigenen Abwehrkräfte
- das Dämpfen möglicher Aggressivität
- die Steigerung des Appetits

Es wird also das seelisch-körperliche Gleichgewicht des Hundes stabilisiert!

Wenn Sie nach einiger Zeit herausgefunden haben, welche Geruchsnote Ihrem Hund ganz besonders gut gefällt, bietet sich dafür ein spezielles Einsatzgebiet an: die Trennungsangst. Kein Hund mag gern allein bleiben, manche werden dann nahezu hysterisch. In solchen Fällen könnte man vor dem Weggehen einen Duft in der Wohnung verbreiten, der ihm die Trennung schmackhaft macht. Dann sollte diese Geruchsnote aber nicht im Alltag »verbraucht« werden, sondern besonderen Gelegenheiten vorbehalten bleiben.

Der richtige Duft lässt einen kleinen Rabauken ganz sanft und ruhig werden.

Verschiedene Duftspender

Düfte kann man auf die verschiedenste Weise erzeugen und im Raum verteilen.

Duftlampen

Duftlampen mit offen brennenden Kerzen sind für Tiere nicht gut geeignet. Der Hund könnte Unmut über einen ihm nicht zusagenden Duft zeigen und das Lämpchen attackieren. Das führt dann eventuell schnell zu einem Wohnungsbrand!

Duftschalen

Es gibt verschiedene Modelle, meistens werden einige Tropfen des Duftstoffes in warmes Wasser gebracht. Der Duft verteilt sich dann schnell im Raum. Achtung: Arbeiten Sie zunächst mit Kleinstmengen, denn der Hund könnte auch entsetzt reagieren!

Duftkissen

Sie sind für Tiere besonders geeignet, denn man kann einige mit verschiedenen Duftnoten im Raum verteilen. Der Hund zeigt klar an, was ihm gefällt und was er verabscheut. Die ausgewählten Kissen lassen sich dann vorteilhaft verwenden.

TIPP **Besonders unangenehme Gerüche (Rheumasalben etc.) kann man verwenden, um Hunden das Abreißen von Verbänden oder Benagen von Möbeln zu verleiden!**

Einreibungen

Diese wirken mit doppeltem Effekt: Einerseits haben sie eine deutliche Geruchsnote, andererseits dringen die Wirkstoffe in die Haut ein und erzeugen dort eine vermehrte Durchblutung. Das fördert die Heilung bei den verschiedensten Erkrankungen von Muskeln und Gelenken.

Inhalationen

Hierbei handelt es sich um eine uralte und bewährte Methode der Medizin. Es muss aber unbedingt beachtet werden, dass die Geruchsstoffe der ätherischen Öle Ihrem Hund zumindest nicht völlig unangenehm sind. Sonst könnte diese Methode leicht in Tierquälerei umschlagen!

Woran du merkst, dass dein Hund krank ist

Faulheit
Er liegt viel herum, ist öfter müde und will nicht richtig spielen. Du magst ihn für faul halten – in Wirklichkeit fühlt er sich aber nur nicht wohl und vermeidet Anstrengungen.

Appetitlosigkeit
Das Schüsselchen ist mit leckerem Futter gefüllt, er hat aber überhaupt keinen Appetit und schnüffelt nur daran herum. Auch mit besonderen Leckerbissen kannst du ihn nicht reizen.

Trübe Augen
Dein Hund hatte sonst immer schöne klare Augen. Jetzt wirken sie aber trübe, ihnen fehlt der Glanz. Es kann auch sein, dass ihm die Tränen laufen. Vom inneren Augenwinkel zieht sich dann ein feuchter Streifen in Richtung Nase herunter.

Juckreiz
Immer wieder juckt und kratzt sich der Hund, vor allem wenn er liegt. Es kann auch sein, dass er mit dem Kratzen beginnt, wenn du ins Zimmer kommst oder mit ihm sprichst.

Schlafsucht
Hunde schlafen gern und viel. Deiner will aber überhaupt nicht mehr aufstehen, selbst wenn du ihm die Leine zeigst und dich auf den Spaziergang vorbereitest. Er döst nur interesselos vor sich hin.

Achtung: Wenn du diese oder weitere Krankheitszeichen bei deinem Hund bemerkst, solltest du unbedingt den Eltern oder anderen Erwachsenen davon berichten, damit eine eventuelle Krankheit behandelt werden kann!

Was dein kranker Hund braucht

Krankenlager
Der kranke Hund benötigt eine warme und ruhige Lagerstätte. Dafür ist das gewohnte Schlafkörbchen geeignet. Es darf aber keinesfalls in Zugluft stehen und muss vor Störungen geschützt sein. Wichtig ist ein Wassernapf in seiner Nähe.

Viel Ruhe
Wenn du krank bist, hast du sicher keine Lust zum Spielen und zum Toben. Deinem kranken Hund geht es genauso. Er möchte nur in seinem warmen Körbchen liegen und schlafen können. Sorge dafür, dass er auch seine Ruhe hat – du solltest also nicht gerade jetzt mit deinen Freunden laute Spiele spielen.

Streicheleinheiten
Der kleine Patient braucht jetzt besonders viel Liebe, damit er schnell wieder gesund wird. Streichle deinen Hund immer wieder ganz sanft und sprich leise mit ihm, das tut ihm gut.

Wie du deinem kranken Hund helfen kannst

Tierarztbesuch
Wenn der kranke Hund zum Tierarzt muss, darfst du ihn nur dann begleiten, wenn du dich dabei ganz ruhig verhältst. Jammern und Wehklagen macht das Tier nervös und ängstlich. Der Hund sollte beimTransport nicht dauernd angesprochen werden, er will seine Ruhe haben. Füttern und Tränken ist für die Zeit des Tierarztbesuches unnötig.

Medikamente
Wenn der Hund regelmäßig Medikamente bekommen soll, kannst du dabei helfen. Trage auf einem speziellen Kalender genau ein, wann er was bekommen muss. Daran machst du dann ein Häkchen, wenn die Eingabe erfolgt ist. Auf diese Weise wird nichts vergessen.

Spezialfutter
Der Tierarzt wird bestimmen, was der Hund essen und trinken darf. Meistens hat ein kranker Hund wenig Appetit, das ist nicht schlimm. Er hilft sich mit diesem Fasten selbst und wird hoffentlich bald wieder gesund. Diätfutter ist für ihn wichtig, häufig schmeckt es ihm aber nicht. Dann muss man das ungewohnte Futter erst bröckchenweise unter das gewohnte mischen. Du kannst beobachten, ob er es aufnimmt oder nur die »guten« Brocken aussortiert. Merke dir ungefähr, wie viel er gegessen hat, das muss der Tierarzt erfahren.

Was du im Umgang mit deinem Hund beachten musst

- Ärgere deinen Vierbeiner nie und lass an ihm nie deine schlechte Laune aus! Er ist kein Spielzeug, sondern ein Lebewesen, das du respektieren musst.

- Wenn er gerade frisst oder einen Kauknochen beknabbert, darfst du ihn nicht stören. Er glaubt nämlich, dass du ihm sein Futter wegnehmen möchtest und schnappt deshalb nach dir.

- Für deinen Hund ist ein Spaziergang so spannend wie für dich ein Abenteuerfilm, weil er dabei überall schnüffeln kann. Er riecht, ob vor ihm schon ein anderer Hund da war und wenn ja, welcher. Lass ihm also die Freude und ziehe ihn nicht rücksichtslos hinter dir her.

- Wenn du beim Essen sitzt, gib deinem Hund keinen Happen, auch wenn er dich noch so hungrig ansieht. Bekommt er einmal etwas, wird er immer wieder betteln. Das kann ganz schön nerven.

- Misch dich nie ein, wenn dein Hund mit anderen Hunden Streit anfängt, denn im Eifer des Gefechtes könnte dich einer der beiden beißen.

- Ein Hund ist kein Reittier, das gilt auch für stark aussehende Rassen wie Labrador oder Bernhadiner. Ihr Rücken ist viel zu schwach, um dich zu tragen.

Das Besondere an deinem Hund

- Hunde können nicht wie du am ganzen Körper schwitzen, sondern nur ein bisschen an den Pfoten. Wenn es ihnen zu warm ist, atmen sie ganz schnell durch das offene Maul kühle Luft ein und warme Luft aus. Man nennt das »hecheln«. Die Zunge hängt ihnen dabei oft weit aus der Schnauze heraus.

- Hunde sind Weltmeister im Riechen. Sie riechen dich durch die kleinsten Türritzen und können Spuren verfolgen, die schon mehrere Tage alt sind.

- Hunde haben ein tolles Erinnerungsvermögen. Das hat viel mit ihrem ausgezeichneten Gehör, den scharfen Augen und natürlich auch mit ihrem Geruchssinn zu tun. Sie finden Knochen, die sie im Garten verbuddelt haben, noch nach vielen Wochen wieder.

- Hunde sind ihrem Herrn treu ergeben. Sie sind der beste Freund des Menschen. Ein Grund, sie immer gut zu behandeln.

Was dein Hund dir sagen will

Wenn dein Hund sich auf den Rücken legt und dir seinen Bauch zeigt, unterwirft er sich und erkennt dich als Boss an. Du darfst dann nicht mehr böse mit ihm sein.

Dein Hund duckt sich, legt die Ohren an, klemmt die Rute zwischen die Hinterbeine und kriecht fast mit dem Bauch auf dem Boden. Er hat Angst. Kümmere dich um ihn, damit er sich sicher und beschützt fühlt.

Dein Hund stolziert mit geradem Rücken und steifen Beinen, hoch erhobenem Kopf und aufgestellter Rute umher. Er will damit größer erscheinen, Eindruck machen und angeben. Nimm ihn nicht zu ernst, aber lach auch nicht über ihn.

Wenn dein Hund die Vorderbeine flach auf den Boden legt, die Ohren aufstellt, das Hinterteil und die Rute in die Höhe streckt, ein fröhliches Gesicht macht und dabei hohe, fast quiekende Töne von sich gibt, will er mit dir spielen. Mach ihm die Freude und tobe eine Runde mit ihm.

Service-Teil

Wichtige Adressen

DEUTSCHLAND
DTB – Deutscher Tierschutzbund
Baumschulallee 15, 53115 Bonn
Tel.: 02 28/60 49 60
Fax: 02 28/6 04 96-40
Internet:
www.tierschutzbund.de
E-Mail-Adresse:
bg@tierschutzbund.de

Deutsches Haustierregister
Tel.: 0 18 05/23 14 14
Internet:
www.tierschutzbund.de
E-Mail-Adresse:
bg@tierschutzbund.de

TASSO
Haustierzentralregister
Frankfurter Straße 20,
65795 Hattersheim
Tel.: 0 61 90/93 22 14
Fax: 0 61 90/59 67

ÖSTERREICH
Zentralverband der Österreichischen Tierschutzvereine & Wiener Tierschutzverein
Triesterstraße 8,
A-2331 Vösendorf
Tel.: 01/699 24 50
Fax: 01/699 24 50-98
Internet:
www.wr-tierschutzverein.org.
E-Mail-Adresse:
Webmaster@wr-tierschutzverein.org

SCHWEIZ
STS – Schweizer Tierschutz
Zentralsekretariat
Birsfelderstraße 45,
CH-4052 Basel
Tel.: 0 61/3 78 78 78
Fax: 0 61/3 78 78 00
Internet:
www.tierschutz-beider-basel.ch
E-Mail-Adresse:
Info@tierschutz-beider-basel.ch

SPEZIALTIPP FÜR TIERFREUNDE

Paint is black
Lebendig und naturgetreu wirken Tiere auf Kohlezeichnungen von Martine Tunnat. Sie fertigt die Bilder nach Fotos an. Ein Porträt (Format 30 x 40 cm) kostet 170 DM plus Versandspesen.
Interessenten melden sich bei
Martine Tunnat
Weiherstr. 2
71546 Aspach
Tel.: 0 71 91/2 09 75
(Für diesen Hinweis danken wir der Redaktion »Ein Herz für Tiere« sehr herzlich.)

Literaturhinweise

Bauer, Fritz
Hundekrankheiten
Landbuch 1996[3]

Becvar, Wolfgang
Naturheilkunde für Hunde
Franckh-Kosmos 1994

Brehm, Helga
Hundekrankheiten
Franckh-Kosmos 1995

Durst-Benning, Petra
Hausmittel für Hunde
Ludwig 1999

Ghosh, Inge
Naturheilkunde für Hunde
pala 1995

Jung, Hildegard
Hundekrankheiten von A – Z
Augustus 1998

Lane, Dick/Ewart, Neil
A – Z der Hundekrankheiten
Kynos 1998

Möller, Claudia
Hunde auf natürliche Weise heilen
FALKEN 1998

Rustige, Barbara
Hundekrankheiten
Franckh-Kosmos 1999

Sie finden uns im Internet: **www.falken.de**

Dieses Buch wurde auf chlorfrei gebleichtem und säurefreiem Papier gedruckt.

Der Text dieses Buches entspricht den Regeln der neuen deutschen Rechtschreibung.

ISBN 3 8068 2624 2

Titelbild: Ulrike Schanz, München
Umschlagrückseite: Ulrike Schanz, München (oben u. Mitte), ZDF/Michael Ames (unten)
Fotos: FALKEN Archiv/Huber, S. 93; Lösche, S. 115; Redeleit, S. 8, 15, 52; Schanz, S. 12, 29, 45, 51, 65, 90, 100, 111, 114; Steimer, S. 6, 10, 13, 34/35, 41, 43, 46, 54, 61, 73 o., 77, 79, 94; »SKO-Verbandsschutzschuh/Firma SABRO«, S. 76; alle übrigen Ulrike Schanz, München
Zeichnungen: FALKEN Archiv/Farkas-Dorner, S. 55, 72; Hampel, S. 22–25, 56, 57, 59, 62, 78, 80, 85, 89; Manfred Lindner, Mainz: S. 87; Eva Wagendristel, Berlin (Kinder Spezial)
Produktion und Satz: MGX Media, Wiesbaden

Druck: Appl, Wemding

817 2635 4453 6271

Register

Erste Hilfe

Regeln für das Verhalten bei einem Notfall:

- Bewahren Sie Ruhe, denn menschliche Aufregung überträgt sich sofort auf das Tier!
- Reden Sie bei der Erstversorgung ständig in gelassenem Ton mit dem Patienten!
- Informieren Sie den Tierarzt sofort, damit er sich auf Notfallmaßnahmen einstellen kann!
- Die eigene Hilfeleistung darf nie tierärztliche Handlungen verzögern!

Wichtige Telefonnummern:

- **Tierarzt:**
- **Tierärztlicher Notdienst:**
- **Tierschutzverein/Tierheim:**
- **Örtliche Polizeidienststelle:**
- **Tiertaxi:**

Erste Hilfe bei Unfallverletzungen

- Hund zuerst anleinen, damit er nicht im Schreck/Schock entweichen kann.
- Transport wie auf Seite 30 beschrieben wird.
- Offene Wunden mit sauberen Tüchern abdecken.

Erste Hilfe bei Schock

- **Symptome:** schneller, flacher Atem; rasender, schwacher Puls; kalte Gliedmaßen; starre Pupillen; Zusammenbruch.
- **Behandlung:** Hund auf die Seite legen, warm halten, Kopf tiefer als Körper lagern. Sofort zum Tierarzt.

Erste Hilfe bei Fremdkörpern in Mund und Rachen

- **Symptome:** Speicheln, Würgen, Erbrechen, Schluckbeschwerden, Kratzen mit der Pfote am Maul, geschwollene Zunge.
- **Behandlung:** Das Maul des Hundes öffnen und evtl. zwischen den oberen Backenzähnen verkeilte Holzstücke entfernen. Tiefer liegende Fremdkörper sofort vom Tierarzt entfernen lassen.